W0235581

Weiterführend empfehlen wir:

Mahnbriefe
geschickt formulieren
ISBN 978-3-8029-3824-5

Chef-Checkliste
Mitarbeiterführung
ISBN 978-3-8029-3372-1

Selbstmanagement im Beruf
ISBN 978-3-8029-3387-5

Die Arbeitsfalle – und wie man
sein Leben zurückgewinnt
ISBN 978-3-8029-3383-7

Musterbriefe zur Bewerbung
ISBN 978-3-8029-3593-0

Kurswechsel im Beruf
ISBN 978-3-8029-3386-8

Weitere Titel unter www.WALHALLA.de

Wir freuen uns über Ihr Interesse an diesem Buch. Gerne stellen wir Ihnen zusätzliche Informationen zu diesem Programmsegment zur Verfügung.

Bitte sprechen Sie uns an:

E-Mail: WALHALLA@WALHALLA.de
http://www.WALHALLA.de

Walhalla Fachverlag · Haus an der Eisernen Brücke · 93042 Regensburg
Telefon (09 41) 56 84-0 · Telefax (09 41) 56 84-1 11

Bärbel Wedmann-Tosuner

Geschäftsbriefe

geschickt

formulieren

Freundlich und gewinnend, aber bestimmt
Briefe für schwierige Fälle

6., aktualisierte Auflage

WALHALLA
FACHVERLAG

Bibliografische Information Der Deutschen Nationalbibliothek

Die Deutsche Nationalbibliothek verzeichnet diese Publikation in der Deutschen Nationalbibliografie; detaillierte bibliografische Daten sind im Internet über http://dnb.d-nb.de abrufbar.

Zitiervorschlag:
Bärbel Wedmann-Tosuner, Geschäftsbriefe geschickt formulieren
Walhalla Fachverlag, Regensburg 2011

6., aktualisierte Auflage

  Produktion: Walhalla Fachverlag, 93042 Regensburg
  Umschlaggestaltung: grubergrafik, Augsburg
  Druck und Bindung: Westermann Druck Zwickau GmbH
  Printed in Germany
  ISBN 978-3-8029-3378-3

Schnellübersicht

Seite

Nichts ist wichtiger als gute Kommunikation!   7

1

So schreiben Sie „First-Class"-Geschäftsbriefe   9

2

Anrede, Titel, Anschrift – korrekt und zeitgemäß   31

3

Der kaufmännische Schriftverkehr –   51
von der Anfrage bis zur Buchungsbestätigung

4

Protokolle, Akten- und Telefonnotizen   109
richtig formulieren

5

Geschäftskorrespondenz per E-Mail   121

6

Persönliche Briefe für Jubiläen, Geburtstage   127
und sonstige Anlässe

7

Stichwortverzeichnis   151

8

Nichts ist wichtiger als gute Kommunikation!

Kommunikation ist eine Frage des Lebens und Überlebens in allen Unternehmen. Um miteinander korrekt zu kommunizieren, muss man wissen, dass der Geschäftsbrief im heutigen Management wesentlich zum Unternehmenserfolg beiträgt.

Ein Geschäftsbrief, der immer auch eine Visitenkarte des Unternehmens ist, muss durch seine korrekte Form und den sachlichen Inhalt wirken. Er sollte mit kurzem, klarem Text in freundlicher Sprache abgefasst sein.

Der korrekte Geschäftsbrief hat auch etwas mit Diplomatie zu tun. Manches wird zwischen den Zeilen gesagt. Dafür bedarf es unbedingt präziser Formulierungen.

Wichtig ist allerdings, dass die Höflichkeit durch die Kürze nicht beeinträchtigt wird. Manchmal ist ein schmückendes Beiwerk nötig, wenn eine bestimmte Nuance übermittelt werden soll.

Fingerspitzengefühl und Takt sind gefragt

In der Geschäftskorrespondenz spielt der Takt eine große Rolle. Mancher Abschluss ist nur wegen einer ungewollten Taktlosigkeit nicht zustande gekommen. Schmeicheleien und jede Form von Anbiederung wirken peinlich und sind daher zu vermeiden. Etwa als Auflockerung gedachte Sprüche, Banalitäten oder neckische Bemerkungen sind unangebracht und meist kontraproduktiv.

Ziel dieses Buches

In diesem Ratgeber ist, sozusagen als Warnung, auch der schlechte Stil angedeutet: Die leeren Phrasen und Worthülsen, die durch Gewohnheit und Bequemlichkeit „althergebracht" sind.

Der zeitgemäße Briefstil bildet den Schwerpunkt dieses Buches. Er soll zur Gewohnheit werden und modernen Unternehmen sowie ihrem Führungsnachwuchs bei der Rationalisierung ihrer Schreibarbeit und im Schriftverkehr als Grundlage für einen erfolgreichen Geschäftsabschluss dienen. Moderne Textverarbeitung verlangt zeitgemäße und niveauvolle Briefe!

Nichts ist wichtiger als Kommunikation!

1 Beachten Sie, dass die in diesem Fachratgeber enthaltenen Musterbriefe nur Formulierungsvorschläge enthalten und von Ihnen individuell geändert werden können – für jede Situation: passend, treffsicher, anspruchsvoll. Denn der erste Eindruck entscheidet oft über das letzte Wort.

Noch eine Anmerkung

Mein Sohn Bernd hat sich seinen Traum erfüllt, selbstständig und damit sein eigener Chef zu sein.

Er hat bei seinem unermüdlichen, harten Aufbau gerade in der mündlichen und schriftlichen Kommunikation erfahren, dass besonders in der täglich anfallenden Korrespondenz Inhalt und Recht nahe beieinander liegen – nach dem Motto: Wer schreibt, der bleibt.

So möchte ich mit meinem Ratgeber auch die karriereorientierte junge Generation unterstützen.

Bärbel Wedmann-Tosuner

So schreiben Sie „First-Class"-Geschäftsbriefe

Moderne Briefkultur im Unternehmen 10

Unternehmenssprache als Teil der Corporate Identity 11

Die Entwicklung des heutigen Briefstils 11

Kundenorientiertes Formulieren 13

Acht Grundregeln für einen guten Briefstil 16

Auch Formvorschriften gehören dazu! 22

2

Moderne Briefkultur im Unternehmen

2

Ein Geschäftsbrief, der immer auch eine Visitenkarte der Firma ist, muss durch seine korrekte Form und den sachlichen Inhalt wirken. Er sollte in kurzem, klarem Text in freundlicher Sprache abgefasst sein. Vermeiden Sie es, schon bekannte Tatsachen zu wiederholen. Wichtige Punkte und Fragen sollten beantwortet werden, wobei Sie auf unnötige Phrasen oder Floskeln verzichten sollten.

Verwenden Sie keine umständlichen Formulierungen wie „Wir nehmen höflichst Bezug auf Ihre Schreiben vom …". Viel freundlicher und auch persönlicher klingt diese Einleitung: „Vielen Dank für Ihren Brief/Ihre Anregung etc." Betrachten Sie jeden Briefwechsel als Dialog, dann fällt es Ihnen leichter, klar und verständlich zu formulieren. Redewendungen, die Sie im Gespräch nicht benutzen würden, sollten Sie auch nicht in einem Anschreiben verwenden. Niemand beendet ein Gespräch mit den Worten: „Ich hoffe, Ihnen hiermit gedient zu haben." Oder etwa: „Ihrer Rückantwort mit Interesse entgegensehend." Warum so gestelzt schreiben? Über solche Phrasen lächelt man heute, sie passen nicht in ein modernes Firmenbild.

Wichtig: Wiederholen Sie in einem Antwortschreiben nicht, was der Briefpartner geschrieben hat. Das weiß er. Gehen Sie auf seine Fragen vollständig ein. Jede nicht beantwortete Frage verursacht neuen Schriftwechsel, der ja gerade vermieden werden soll. Die meisten Briefe lassen sich um ein Drittel oder mehr kürzen, wenn alle überflüssigen Redewendungen gestrichen werden.

Praxis-Tipp:

Die Höflichkeit darf unter der Kürze nicht leiden, und manchmal ist schmückendes Beiwerk nötig, wenn eine bestimmte Nuance übermittelt werden soll. Denn wie in der Diplomatie wird manches auch in Geschäftsbriefen zwischen den Zeilen gesagt, und dafür bedarf es präziser Formulierungen.

Gelegentlich schreibt man Briefe an einen Geschäftspartner, der persönlich näher bekannt ist oder dessen Vorlieben, Kontakte oder Schwächen man kennt. Hier ist Vorsicht und größte Zurückhaltung geboten. Denn auch in der Geschäftskorrespondenz spielt der Takt eine große Rolle. So mancher Abschluss ist wegen einer Taktlosigkeit nicht zustande gekommen.

Achtung: Schmeicheleien und jede Form von Anbiederung wirken peinlich und sind daher zu vermeiden. Etwa als Auflockerung gedachte Sprüche, Banalitäten oder neckische Bemerkungen sind eher unangebracht.

2

Unternehmenssprache als Teil der Corporate Identity

Die Unternehmenssprache als Element der Unternehmensidentität wird kaum beachtet. Die Fassade der Korrespondenz, das Layout, wird modernisiert und aufgelockert. Dabei bleibt der gedankliche und sprachliche Inhalt, wie er war. Er ist stehen geblieben bei der Typenhebelmaschine aus den 50er Jahren. Trotz Einsatz hochkarätiger Technik wird munter weiterhin formuliert: „Unter Bezugnahme auf Ihr Schreiben teilen wir Ihnen mit, dass …" oder „Guten Tag, wir nehmen Bezug auf das heutige Telefongespräch mit dem Schreibenden …"

Praxis-Tipp:

- Alte Korrespondenzgewohnheiten zu überwinden, kostet einige Anstrengungen.
- Der bisherige Korrespondenzstil kann nur geändert werden, wenn die Führungskräfte erkennen, wie gut oder schlecht ihre Unternehmenssprache ist.

Die Entwicklung des heutigen Briefstils

Altes Kaufmannsdeutsch der 20er und 30er Jahre

„Ihren Allerwertesten in meinen Händen haltend, beehre ich mich, Ihnen mitzuteilen …"

„Ihr Gestriges kreuzte sich mit meinem Heutigen."

Nach wie vor verwendetes Kaufmannsdeutsch der 50er und 60er Jahre

2

„Vielen Dank, dass Sie den Unterzeichner am o. g. Tag so freundlich empfangen haben."

„Bitte setzen Sie sich bezüglich der Wegbeschreibung im Vorfeld mit uns in Verbindung."

„Wir bestätigen dankend den Erhalt Ihres Schreibens vom … und teilen Ihnen mit, dass …"

„Wir bitten Sie höflichst, …" *Wer bittet der ist höflich genug*

„… und stehen für Fragen jederzeit zur Verfügung." *schlecht*

Geschäftsstil heute

„Vielen Dank für Ihr Schreiben. Gerne informieren wir Sie …"

„Das Telefongespräch mit Ihnen war für mich sehr informativ."

„Wir bitten Sie, …"

Beispiele für sprachliche Grundregeln	
Alt	**Neu**
Wir bitten Sie um baldige Nachricht, welchen Weg Sie beschreiten möchten, um die Angelegenheit möglichst problemlos und für uns beide am sinnvollsten zu erledigen.	Bitte informieren Sie uns so schnell wie möglich/sofort, wie Sie diese Angelegenheit klären möchten.
Gewiss haben Sie den/die fälligen Posten der Aufstellung übersehen. Sollten Unstimmigkeiten bestehen oder sollte Ihnen der Beleg fehlen, wenden Sie sich bitte an unsere Buchhaltung.	Sie haben den/die fälligen Posten der Aufstellung sicher übersehen. Sollte Ihnen der Beleg fehlen oder ein Missverständnis vorliegen, informieren Sie bitte sofort unsere Buchhaltung.

noch: Beispiele für sprachliche Grundregeln

Alt	Neu
Die Zahlungsfrist ist gemäß den vereinbarten Konditionen abgelaufen. Wir ersuchen Sie ebenso höflich wie dringend, die nachstehenden Rechnungen baldmöglichst zu überweisen.	Bitte überweisen Sie die aufgeführten Rechnungsbeträge nach den vereinbarten Konditionen innerhalb … (Frist setzen).
Betrachten Sie diesen Brief als gegenstandslos, wenn Sie die Regulierung bereits vorgenommen haben.	Bitte vergessen/übergehen Sie dieses Mahnschreiben, wenn Sie die Rechnung schon bezahlt haben.
Wir hoffen abschließend auf eine zügige und sorgfältige Ausführung der Arbeiten und verbleiben …	Werden Sie unseren Auftrag schnell und sorgfältig ausführen?
In Erwartung einer baldigen Rückmeldung verbleiben wir … *gerne*	Bitte rufen Sie uns sofort an/ Wir erwarten Ihre Nachricht. Mit freundlichen Grüßen
Wir hoffen, Ihnen mit o. g. Angaben gedient zu haben und verbleiben …	Helfen Ihnen diese Informationen weiter? Mit freundlichen Grüßen

Fragen hierzu beantworten wir Ihnen gerne.
zu diesem Angebot *persönlich*

Kundenorientiertes Formulieren

Moderne Textverarbeitung verlangt einen zeitgemäßen Schreibstil. Jede Korrespondenz stellt einen Dialog dar. Zugleich sollten die Formulierungen sachlich, kurz und präzise sein.

2

Kleine Stilkunde		
Stil	**Brief**	**Wirkung**
Man-Stil	man	unpersönlich verallgemeinernd wenig engagiert unsicher
Wir-Stil	wir unser Haus	verunsichernd unpersönlich meinungslos amtsmäßig
Ich-Stil	ich	überzeugend sicher dynamisch
Sie-Stil	Sie	persönlich abschlussorientiert positiv kundenorientiert
Wir-Stil	Kunden + Berater wir beide wir gemeinsam	verbindlich persönlich vertraulich

Achtung: Verbleiben Sie nicht länger, wie hochachtungsvoll auch immer, und sehen Sie nicht länger der Erwartung entgegen. Bitten Sie nicht höflich. Wer bittet, ist höflich genug. Solche Ausführungen sind heutzutage überholt, sie wirken unsicher und undynamisch.

Schreiben Sie nicht:

- In der Anlage … (in der Anlage wachsen Blumen!/steht eine Bank)
- Beiliegend erhalten Sie … (man liegt im Bett bei jemandem)

Besser ist:

- Aus unserem gesamten Lieferprogramm erhalten Sie …
- Diesem Schreiben ist … beigefügt.
- Ihre Ausschreibungsunterlagen erhalten Sie mit diesem Schreiben.

2

Beispiele für sprachliche Grundregeln

Alt	Neu
■ Vermeiden Sie Doppelausdrücke	
Die entstandenen Kosten werden wir tragen.	Die Kosten werden wir tragen.
Wie Sie vermutlich erfahren haben dürften …	Sie haben sicher erfahren …
■ Das Aktiv wirkt lebendiger als das Passiv	
Die noch fehlende Software wird Ihnen zugeschickt.	Die Software erhalten Sie in den nächsten Tagen.
Die Waren konnten von uns noch nicht abgeschickt werden.	Wir konnten die Waren noch nicht abschicken.
■ Setzen Sie den „Sie"-Stil ein und sprechen Sie den Empfänger direkt an	
Wir senden Ihnen …	Sie erhalten …
Leider haben wir … übersehen und bitten um Entschuldigung.	Bitte entschuldigen Sie die verspätete Antwort. Wir vergaßen …
■ Vermeiden Sie Schachtelsätze und Einschübe	
Wir bitten Sie, dass Sie die Zahlungsfrist, die wir vereinbart haben, unbedingt einhalten.	Bitte halten Sie die vereinbarte Zahlungsfrist unbedingt ein.
Da wir auf unser Angebot nichts von Ihnen hörten, haben wir nicht mehr damit gerechnet, dass Sie noch bestellen würden.	Sie haben auf unser Angebot nicht geantwortet. Daher haben wir nicht mehr mit Ihrer Bestellung gerechnet.
■ Verwenden Sie Verben, Substantive wirken gestelzt	
in Auftrag geben	bestellen
einer Prüfung unterziehen	prüfen
in Rechnung stellen	berechnen
zum Versand bringen	versenden
in Kenntnis setzen	informieren

Sagen, was Sache ist …

Acht Grundregeln für einen guten Briefstil

Wenn Sie folgende Grundregeln beachten und wissen, welche Formulierungen Sie aus Ihrem Wortschatz streichen sollten, können Sie sich einen guten und zeitgemäßen Briefstil aneignen, der zu Ihrer persönlichen Kompetenz passt.

2

- Grundsätzlich fängt kein Brief mit „Ich/Wir" an. Beginnen Sie Ihre Briefe niveauvoll. Sprechen Sie den Empfänger an, indem Sie z. B. anstatt „Wir danken Ihnen für …" lieber eine Formulierung wie „Vielen Dank für …" verwenden.

- Formulieren Sie die Anrede höflich und individuell. Wenn Ihnen die korrekte Anrede des Empfängers nicht bekannt ist, verwenden Sie die allgemein gebräuchliche Redewendung.

- Die Einleitung soll wirklich nur eine Einleitung sein.
  Kommen Sie ohne Umschweife zur Sache.

- Verwenden Sie knappe Sätze und treffende Ausdrücke. Der Empfänger muss das Geschriebene nach einmaligem Durchlesen verstehen.

- Lösen Sie Schachtelsätze in kürzere Sätze auf.

- Verwenden Sie lange Sätze nur, wenn sie Ihnen selbst noch verständlich sind.

- Variieren Sie die Satzlänge. Ein kurzer Satz kann selbst einen langatmigen Abschnitt beträchtlich auflockern. Unterschiedliche Satzlängen wirken abwechslungsreich und vermeiden Langeweile.

- Vermeiden Sie:
  – Wortwiederholungen (z. B. Rückantwort, das geführte Telefongespräch)

  – Füllwörter (z. B. durchaus, wohl, irgendwie)

  – Redewendungen wie „Es dürfte angebracht sein" oder „Wie Ihnen sicher bekannt ist".

  – mindernde Floskeln (z. B. etwa, fast, wie mir scheint)

  – Steigerungswörter (z. B. sehr, voll und ganz, gänzlich)

– Verhältniswörter (z. B. seitens, zwecks, betreffs)

– nichtssagende Eigenschaftswörter (z. B. ein entsprechendes Angebot)

– Streckzeitwörter (z. B. in Abzug bringen, Sorge tragen)

2

Streichen Sie diese Formulierungen aus Ihrem Wortschatz

Mit Bezug auf/Wir nehmen Bezug auf/Bezug nehmend auf
Wir beziehen uns auf/Unter Bezugnahme auf

In Erledigung Ihres Schreibens/In Beantwortung Ihres Briefes

Gemäß den/Laut den
Wir bestätigen dankend den Erhalt
Wir teilen Ihnen mit, dass
Wir erlauben uns/Wir dürfen uns erlauben
Sie gestatten uns, Sie darauf aufmerksam zu machen, dass
Wir möchten Sie darauf hinweisen, dass
Wir bitten Sie höflichst

In der Anlage schicken wir/Beiliegend erhalten Sie
Beigefügt erhalten Sie … zu unserer Entlastung wieder zurück
Sie erhalten heute beiliegend/Anbei erhalten Sie … mit der Bitte
Anliegend übersenden wir Ihnen/Übersenden wir Ihnen beiliegend

Im Nachgang zum o. g. Auftrag bieten wir
Zur Begleichung Ihrer Rechnung haben wir
Ihre o. g. Einsendung haben wir erhalten und bedauern
Nach Überprüfung der/Die in Ihrer Bestellung aufgeführten

Danken wir Ihnen im Voraus und verbleiben
Und verbleiben in Erwartung Ihrer geschätzten Rückantwort
Wir danken für Ihr Verständnis und verbleiben
Wir würden uns freuen, Ihren Auftrag zu erhalten und verbleiben
Wir hoffen, Ihnen hiermit gedient zu haben und verbleiben
Zur Beantwortung weiterer Fragen stehen wir Ihnen gerne zur Verfügung

Im Zuge eines
Zum einen …, zum anderen
Im Fall eines
Zusammenfassend ist festzustellen, dass
Als Beispiel sei genannt
Die Begründung ist folgende

2

noch: Streichen Sie diese Formulierungen aus Ihrem Wortschatz

Gezeigte Leistung/Gemachte Erfahrung/Geführtes Telefongespräch
Gehabte Unterhaltung/Anfallende Korrespondenz/Angefragte Ware

Leider ... zu unserem Bedauern
Bereits ... schon/Wieder ... erneut
Speziell ... nur
Z. B. ... usw.
In der Lage sein ... zu können

Rückantwort
Ihrer baldigen/geschätzten Rückantwort entgegensehend
Wenn Sie Ihrerseits
Von Seiten unseres Mitarbeiters
Zu Ihrer gefälligen Kenntnisnahme
Für Rückfragen stehen wir jederzeit zur Verfügung

Seitens/Anlässlich/Zwecks/Ungeachtet/Betreffs
Vermittels/Gelegentlich/Bezüglich/Buchung vornehmen/Anordnung
geben

In Erinnerung bringen
Sorge tragen/Vorsorge treffen
Zustimmung geben
In Rechnung stellen/In Abzug bringen
In Erwägung ziehen/Erkundigung einziehen
Zum Versand bringen
Anfrage richten
In Augenschein nehmen/Einer Prüfung unterziehen
Teilen Sie uns dies bitte kurz mit.

Hier taucht in allen Korrespondenz-Seminaren sofort die Frage auf: „Welche Sätze benutzt man an Stelle der althergebrachten Formulierungen?"

Praxis-Tipp:

Versuchen Sie Ihre Einleitungs- und Schlusssätze in Dialogform zu gestalten: nicht kompliziert, aber anspruchsvoll.

In der folgenden Liste finden Sie einige Beispielsätze für Ihre geschäftliche Korrespondenz.

Zeitgemäße Formulierungsvorschläge

- **Einleitungssätze – mit der Information starten**

  Ihre Verärgerung über die verspätete Lieferung ist verständlich …

  Sie haben uns mit Ihrem Hinweis eine Menge Arbeit erspart. Vielen Dank.

  Ihre Fragen haben wir sofort geprüft. Hier die Antworten, die Sie benötigen.

  Über Ihre schnelle Antwort haben wir uns sehr gefreut.

  Für Ihren Brief/Ihr Schreiben vom … vielen Dank.

  Das Telefongespräch mit Ihnen war sehr informativ für mich.

  Wir unterstützen Sie gerne bei Ihrem Projekt. Hier unsere Vorschläge: …

- **Aussagesätze – Dank**

  Über Ihre aufmerksamen Bemühungen habe ich mich sehr gefreut.

  Für Ihr Verständnis/Ihre Unterstützung herzlichen Dank.

  Das informative Gespräch bei Ihnen/Ihre detaillierte Vorarbeit/ Ihre sachkundigen Informationen haben uns sehr geholfen. Vielen Dank.

  Ihre Bemühungen wissen wir zu schätzen und wir bedanken uns vielmals.

- **Aussagesätze – Vertröstung**

  Sobald wir informiert sind/uns entschieden haben, werden wir Sie verständigen. Für heute darf ich Sie noch um etwas Geduld bitten.

  Bitte haben Sie noch etwas Geduld. Ich bemühe mich um eine baldige Klärung.

  Wir bemühen uns um eine gründliche Klärung/Prüfung. Dafür muss ich Sie noch um etwas Geduld bitten.

  Es ist mir unangenehm, Sie nochmals vertrösten zu müssen. Ich hoffe, Sie haben Verständnis für die Gründe.

  Wir möchten uns ohne Zeitdruck entscheiden. Bitte haben Sie Verständnis.

noch: Zeitgemäße Formulierungsvorschläge

2

- **Aussagesätze – Ablehnung**

  Ich bedaure, dass wir uns in diesem Fall nicht einigen konnten. Vielleicht ergibt sich unter anderen Voraussetzungen eine Möglichkeit.

  Leider haben sich die Dinge nicht so entwickelt, wie ich es mir erhoffte. Im Augenblick kann ich Sie nur auf die Zukunft vertrösten.

  Es tut uns leid, Ihnen nicht behilflich sein zu können.

  Leider lässt der Sachverhalt keine andere Entscheidung zu. Ich bitte um Ihr Verständnis.

  Wir möchten die Entwicklung in der Zukunft abwarten. Vielleicht ergibt sich eine Möglichkeit.

- **Aussagesätze – Eingeschränkte Zustimmung**

  Zunächst vielen Dank für Ihre grundsätzliche Zusage. Wir denken, die offen gebliebenen Fragen auch noch klären zu können.

  Bitte informieren Sie uns über das Ergebnis. Wir sind sehr interessiert.

  Ich freue mich auf unser Treffen. Falls vorab noch einige Punkte zu klären sind, sprechen Sie mich bitte an.

  Ich würde mich freuen, wenn Sie die Zeit für ein ausführliches Gespräch noch erübrigen könnten.

  Sollten Sie zu neuen Erkenntnissen kommen, informieren Sie uns bitte.

- **Aussagesätze – Negative Antwort**

  Ihr Hinweis war für uns sehr informativ. Allerdings können wir leider …

  Die in Ihrem Schreiben/am Telefon geäußerten Bedenken können wir verstehen. Vielleicht ist unser heutiger Vorschlag eine Lösung.

  Wir verstehen durchaus Ihre Überlegungen. Bitte berücksichtigen Sie aber …

  Über Ihre Einwände haben wir uns Gedanken gemacht. Vielleicht können wir uns darauf einigen, dass …

  Vielen Dank für Ihre Stellungnahme. Ich kann Ihnen nicht in allen Punkten zustimmen. Bitte berücksichtigen Sie, dass …

noch: Zeitgemäße Formulierungsvorschläge

■ **Schlusssätze – die Schlussinformation als Steuerungsinstrument**

Über Ihre zustimmende Entscheidung freuen wir uns sehr.

Die noch offenen Fragen können wir im Gespräch mit Ihnen klären.

Ihre Interessen und Wünsche werden unsere ganze Aufmerksamkeit finden.

Haben Sie noch Fragen? Bitte rufen Sie mich an.

Wir freuen uns auf eine langjährige Zusammenarbeit.

Wenn wir eine Nachricht von … erhalten haben, melden wir uns selbstverständlich bei Ihnen.

Wir können gut verstehen, dass Ihnen diese Entscheidung nicht gefällt. Aber bitte verstehen Sie auch unsere Situation.

Wir danken Ihnen für Ihr bisheriges Vertrauen.

Können wir auch diesmal mit Ihrem Auftrag rechnen?

Wir würden uns freuen, wenn dies der erste Schritt zu einer langen, erfolgreichen Zusammenarbeit wäre.

Ihr Auftrag wäre ein erfreulicher Erfolg unserer bisherigen Bemühungen.

Wir bedanken uns für Ihre konstruktive Unterstützung und hoffen, dass Sie sich zur Auftragserteilung entschließen können.

Wir würden gerne erfahren, ob wir noch mit Ihrer Zusage rechnen können.

Praxis-Tipp:

■ Ein perfekter Geschäftsbrief sorgt für einen positiven Eindruck bei den Geschäftspartnern. Er trägt entscheidend zum Erfolg von Verhandlungen oder Kundenbindungen bei.

■ Nutzen Sie dieses Marketinginstrument und sorgen Sie dafür, dass Ihre Mitarbeiter mit einem höflichen und zeitgemäßen Stil wesentlich schneller und erfolgreicher an ihr Ziel kommen als mit einem althergebrachten Briefstil.

Zahlreiche Musterbriefe – von Werbebrief, Mahnung über Anfragen bis hin zu persönlichen Anlässen – finden Sie in den Kapiteln 4 und 7.

Auch Formvorschriften gehören dazu!

In der Praxis können Sie nicht immer davon ausgehen, dass Geschäftsvordrucke genau den DIN-Normen entsprechen. Hier sehen Sie eine Empfehlung, damit Sie Ihre Geschäftsbriefe problemlos und professionell gestalten können.

2

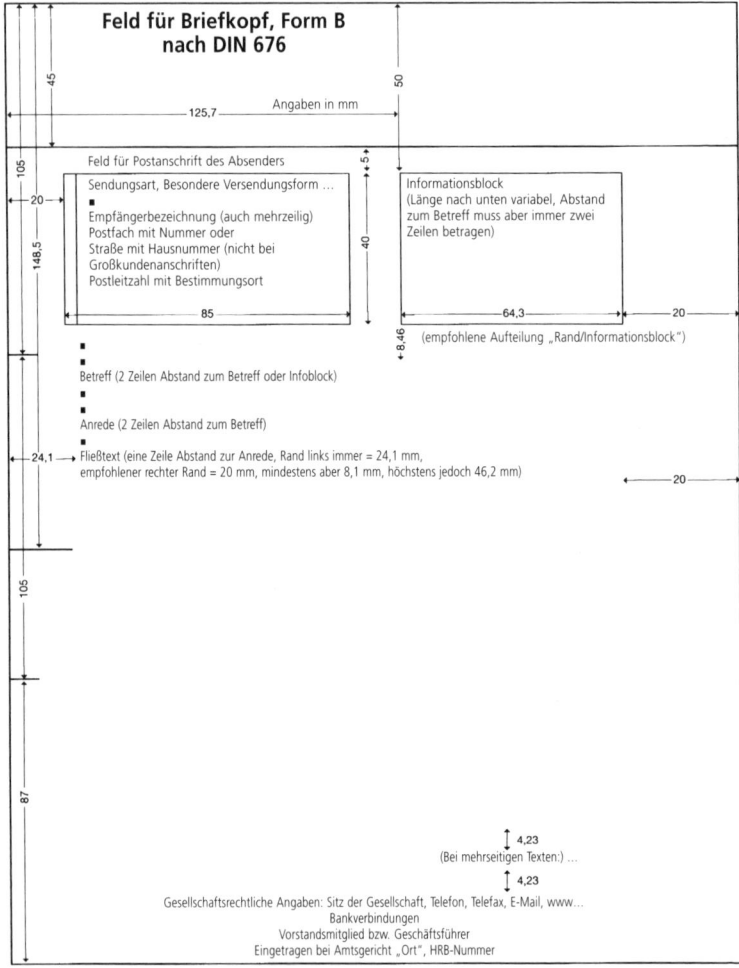

Beachten Sie bitte:

- Je nach Schriftart sollten Geschäftsbriefe in einer Schriftgröße zwischen 11 und 13 Pt. verfasst werden. Die Betreff-Zeile ist dabei in Fettdruck hervorzuheben.

- Im Anschriftenfeld wird zwischen Postfach und Ort keine Leerzeile eingefügt.

- Der Hinweis „Zu Händen" bzw. „z. Hd." ist veraltet und wird nicht mehr verwendet. Schreiben Sie nur den Namen des Empfängers, ohne jeden Zusatz, in die Anschrift.

Lernen Sie Fehler in Briefen zu erkennen

Trotz der Rechtschreibüberprüfung mittels Software werden auch heute noch viele Tippfehler übersehen. Konzentrieren Sie sich beim Korrekturlesen Ihrer Korrespondenz nicht nur auf den Inhalt, sondern achten Sie aufmerksam auf die Rechtschreibung eines jeden Wortes. Folgender Text zeigt, wie leicht man Tippfehler überlesen und dennoch den Sinn des Textes verstehen kann.

> Afugrnud enier Sduite an enier Elingshcen Unvirestiät ist es eagl, in wlehcer Rienhnelfoge die Bcuhtsbaen in eniem Wrot sethen, das enizg wcihitge dbaei ist, dsas der estre und lzete Bcuhtsbae am rcihgiten Paltz snid. Der Rset knan ttolaer Bölsdinn sien, und du knasnt es torztedm onhe Porbelme lseen. Das ghet dseahlb, wiel wir nchit Bcuhtsbae für Bcuhtsbae enizlen lseen, snodren Wröetr als Gnaezs. Smtimt's?

Diktieren will gekonnt sein

In der DIN 5009 sind die Diktierregeln festgelegt. Im Folgenden finden Sie ein Musterdiktat, welches diesen Regeln entspricht und den dazugehörigen Lösungsbrief. Korrektes Diktieren hilft, Fehler in der Korrespondenz zu vermeiden und vereinfacht den Arbeitsprozess.

Musterdiktat

Hier spricht …

2

Abteilung …

Geschäftszeichen (Aktenzeichen, Diktatzeichen) …

Bitte, ein Schreiben auf Städtische Werke Kopfbogen mit zwo Kopien **Stopp** – entnehmen Sie aus beigefügtem Vorgang Anschrift und Bezugszeichen (Oder Anschrift und Bezugszeichen diktieren) – **Text**. **Betreff** – Einführung des Phonodiktates in Ihrem Unternehmen – **Stopp – fett Betreff – Text**.

Sehr geehrter Herr Dr. Meierhofer – Sie haben noch verschiedene Bedenken das Phonodiktat in Ihrem Unternehmen einzuführen – **Punkt. – Absatz** – Hier unsere Antwort zu den einzelnen Fragen – **Doppelpunkt – Absatz** – erstens – Wo immer diktiert wird – **Gedankenstrich** – und sei es im kleinsten Büro – **Gedankenstrich** – hilft die Phonotypie Zeit und Geld sparen – **Punkt. – Nächstens** (zwotens) – Die Vorbehalte Ihrer Sekretärin sind verständlich – **Punkt.** – Unsere Empfehlung an Frau Zartmann lautet **Doppelpunkt – Absatz – einrücken – Stopp – sperren** – Probieren **Text** – geht über Lamentieren – **Ausrufezeichen – Ende der Einrückung – Nächstens** (drittens) – Es liegt in Ihrer Hand, gute Voraussetzungen für die Phonotypie in Ihrem Unternehmen zu schaffen – **Punkt.** – Technisch erstklassige – **Stopp ich buchstabiere** kompatible – **klein Kaufmann – Otto – Martha – Paula – Anton – Theodor – Ida – Berta – Ludwig – Emil – Text** – Diktier – **Bindestrich** – und Wiedergabegeräte gehören dazu – **Punkt. – Absatz – Nächstens** – Die Vielfalt der Einsatzmöglichkeiten – **Stopp – unterstreichen** die Vielfalt der Einsatzmöglichkeiten – **Text** – ist größer als Sie annehmen – **Punkt.** – Denken Sie an Ihre Vertreter – **Stopp unterstreichen** – Vertreter – **Text** – die unterwegs mit Hilfe ihrer Hand – **Bindestrich** – Diktiergeräte die Besuchsberichte diktieren können – **Punkt.** – Ebenso die Möglicheit Internbesprechungen – **Stopp unterstreichen** – Internbesprechungen – **Text** – akustisch zu protokollieren – **Punkt. – Absatz** – Als Besprechungstermin haben wir mit Ihrem Sekretariat vereinbart – Doppelpunkt – Absatz – einrücken – Dienstag zwoten Mai zweitausendzehn – Doppelpunkt – null null Uhr – **Stopp – unterstreichen** von Dienstag bis Uhr – **Text – Stopp – darunter** – Ort – **Doppelpunkt** – Ihr Konferenzraum – **Ende der Einrückung** – Für eine telefonische Bestätigung wären wir Ihnen dankbar – **Punkt. – Absatz** – mit freundlichen Grüßen – Anlage – **Diktatende – keine weiteren Ansagen**.

Musterdiktat: Lösungsbrief

Baumaschinen GmbH

Herrn Dr. Josef Meierhofer

Postfach 12 34 56

14823 Hohenwerdig   Datum

Einführung des Phonodiktates in Ihrem Unternehmen

Sehr geehrter Herr Dr. Meierhofer,

Sie haben noch verschiedene Bedenken, das Phonodiktat in
Ihrem Unternehmen einzuführen.

Hier unsere Antwort zu den einzelnen Fragen:

1. Wo immer diktiert wird – und sei es im kleinsten Büro – hilft die Phonotypie Zeit und Geld sparen.

2. Die Vorbehalte Ihrer Sekretärin sind verständlich. Unsere Empfehlung
an Frau Zartmann lautet:

P r o b i e r e n geht über Lamentieren!

3. Es liegt in Ihrer Hand, gute Voraussetzungen für die Phonotypie in Ihrem
Unternehmen zu schaffen. Technisch erstklassige, kompatible Diktierund Wiedergabegeräte gehören dazu.

4. Die Vielfalt der Einsatzmöglichkeiten ist größer, als Sie annehmen. Denken Sie an Ihre Vertreter, die unterwegs mit Hilfe ihrer Hand-Diktiergeräte die Besuchsberichte diktieren können. Ebenso die Möglichkeit,
Internbesprechungen akustisch zu protokollieren.

Als Besprechungstermin haben wir mit Ihrem Sekretariat vereinbart:

Dienstag, 2. Mai 2010, 10.00 Uhr

Ort: Ihr Konferenzraum

Für eine telefonische Bestätigung wären wir Ihnen dankbar.

Mit freundlichen Grüßen

Anlage

Mit DIN 5008 ist Ihre Korrespondenz professionell

Telefon- und Faxnummern

Handelt es sich um einen Einzelanschluss ohne Durchwahl, setzen Sie ein Leerzeichen zwischen Vorwahl und Nummer

Beispiel: 08847 293; 0173 4987123

Möchten Sie einen Durchwahlanschluss notieren, trennen Sie Hauptanschluss und Durchwahl mit einem Bindestrich.

Beispiel: 08841 34892-157

Postleitzahlen

Schreiben Sie Postleitzahlen immer ohne Leerstellen.

Beispiel: 48143 Münster

Postfachnummer

Nach DIN 5008 sollten Sie Postfachnummern von rechts beginnend zweistellig gliedern.

Beispiel: 12 48 53

Bankleitzahl

Unterteilen Sie diese am besten von links nach rechts. Trennen Sie die Bankleitzahl dabei in zweimal eine Dreiergruppe, einmal eine Zweiergruppe.

Beispiel: BLZ 300 250 10

Kontonummern

Teilen Sie Kontonummern von rechts in Dreiergruppen. Bleiben Zahlen übrig, müssen diese allein stehen.

Beispiel: Konto 4 843 597

Dezimale Teilungen

Trennen Sie Euro und Cent. Setzen Sie zwischen Zahlen und Dezimalstelle immer ein Komma.

Beispiel: 50,99 EUR

Mehrstellige Zahlen

Gliedern Sie Zahlen, die mehr als drei Stellen haben, in dreistellige Gruppen mit je einem Leerzeichen.

Beispiel: 7 125 194 Einwohner

Hinter dem Komma sollten Sie in Dreiergruppen unterteilen. Bitte aber von links nach rechts.

Beispiel: 1,249 162 3

Große Geldbeträge

Trennen Sie Geldbeträge, damit Sie sich nicht verzählen. Ab der Tausenderstelle immer mit einem Punkt.

Beispiel: 25.137.592,86 EUR

Korrekt alphabetisch sortieren

Die sogenannten ABC-Regeln machen es leicht, Schriftzeichenfolgen gemäß DIN 5007 zu ordnen. Das folgende Beispiel von Esselte *LEITZ* veranschaulicht das alphabetische Sortieren.

2

Korrekt alphabetisch sortieren: Beispiel

① Bauer

② Bauer, A.
 Bauer, Alb.
 Bauer, Albert
 Bauer, Alf.
 Bauer, Bertram

③ Bauer (von) Burgfeld
 Bauer, Christian

④ Bauer & Co.

⑤ Bauer, Emil, Aalen
 Bauer, Emil, Crailsheim
 Bauer, Emil Adolf

⑥ Bauer, Emil Erben
 Bauer, Emil jr.
 Bauer Erben

⑦ Bauer, Gebrüder
 (wie Vorname)
 Bauer, Gerhard

⑧ Bauer'sche Gießerei = Bauer
 Gießerei

⑨ Bauer GmbH
 Bauer, Hans
 Bauer, Manfred

⑩ Bauer & Mann, Frankfurt
 Bauer-Mann, Stuttgart

⑪ Bauer-Mann-Stiftung
 Bauer-Modelle

⑫ Bauer, Otto, Freiherr von, Dr.
 Bauer, Paul & Mann, Kurt

⑬ Bauer, Peter Paul
 Bauer, Peter Richard
 Bauer, Peter Richard & Co.
 Bauer, Peter Richard GmbH
 Bauer (von der) Tann
 Bauer's Verlag = Bauer Verlag
 Bauer, Zacharias

⑭ Bauermann

⑮ BBC

⑯ Manfred-Bauer-Stiftung

⑰ Maschinenfabrik Bauer & Co.
 (oder unter Bauer & Co. mit
 Hinweiszettel unter Maschinenfabrik Bauer & Co.)

Allgemeines (Buchstabenfolge)

■ Für die Buchstabenfolge ist das Alphabet maßgebend.

Umlaute

■ Ä, ö, ü gelten als ae, oe, ue; i und j sind zwei verschiedene Buchstaben.

noch: Korrekt alphabetisch sortieren: Beispiel

Akzente

■ Die diakritischen Zeichen aus fremden Sprachen bleiben unberücksichtigt: à, ê, ç = a, e, c.

Lautverbindungen

■ Ch, ck, sch und st gelten als zwei bzw. drei Buchstaben (ß = ss).

Ausnahme: Sch und St am Wortanfang werden – im Gegensatz zu Adressbüchern – in der Registratur als selbstständige Buchstaben in der Reihenfolge S, Sch, St behandelt.

Vorsatzwörter, Titel, Adelsbezeichnung werden nicht berücksichtigt:

■ alle Vorsatzwörter wie „der", „die", „das", „von", „zur", „zum", usw.:

Der Oberbürgermeister = Oberbürgermeister

■ Bindewörter: „und", „&", „für" usw.:

Bauer & Mann = Bauer Mann ⑩

■ Adels- und Berufstitel wie „Freiherr", „Professor", „Dr.":

Dr. Otto Freiherr von Bauer = Bauer, Otto ⑫

■ Angehängte Buchstaben und Silben:

Bauer'sche Gießerei = Bauer Gießerei ⑧

Abkürzungen

Soweit diese feststehen und gebräuchlich sind, können sie wie ein Wort behandelt werden:

AEG = Aeg BBC = Bbc ⑮ G.m.b.H. = GmbH ⑨

Ordnungsfolge nach Namen

Den ersten Ordnungswert hat das erste Wort des Familien-, Firmen- oder Sachnamens.

Den zweiten Ordnungswert besitzen alle Vornamen, Zeitnamen und Zusätze ②③④. Familiennamen ohne Vornamen stehen vor solchen mit Vornamen oder Zusätzen ①, abgekürzte Vornamen vor den gleichartigen, ausgeschriebenen Vornamen: ②. Gebrü-

noch: Korrekt alphabetisch sortieren: Beispiel

der Geschwister vor Familiennamen werden wie Vornamen behandelt ⑦. Zweite und weitere Vornamen oder Zusätze bestimmen die Ordnungsfolge, wenn die ersten gleich sind ⑥ ⑬.

Den dritten Ordnungswert erhält der Ort, wenn alle Vornamen und Zusätze gleich sind ⑤ ⑩ (Reihenfolge nach dem Ortsverzeichnis der Deutschen Post).

Den vierten Ordnungswert haben Straße und notfalls Hausnummer.

Ordnungsfolge nach Orten

Den ersten Ordnungswert hat der Ort (nach Ortsverzeichnis der Deutschen Post)

Innerhalb der Orte wird alphabetisch nach Namen geordnet. Die obigen Ordnungswerte erhalten also jeweils den nächsten Rang.

Einzelne Namensbestandteile der Ortsnamen gelten zusammen als ein Wort:

BadElster – GroßGerau – NeuUlm – SanktGeorgen (St. = Sankt) – WeilerStadt

Wortfolge

Jedes Wort gilt für sich allein.

Längere Namen folgen den Namen mit gleicher Buchstabenzahl ⑭.

Zusätze werden den Vornamen gleichgestellt, z. B. „& Co.", „GmbH", „& Mann", „-Modelle", „& Söhne" ④ ⑧ ⑩.

Zusammengesetzte Familiennamen werden als einzelne Worte wie Vornamen eingeordnet, z. B. Bauer-Mann nach Bauer, Manfred, oder Bauer von Burgfeld nach Bauer, Bertram. Untrennbare Eigennamen werden ohne Rücksicht auf Vornamen in der bestehenden Wortfolge geordnet: Bauer-Mann-Stiftung ⑪, Manfred-Bauer-Stiftung ⑯.

2

noch: Korrekt alphabetisch sortieren: Beispiel

Aus Sach-, Personen- oder Ortsnamen zusammengesetzte Namen werden in der bestehenden Wortfolge eingereiht. Sind die ersten Wörter gleich, wird nach den zweiten bzw. dritten Worten geordnet. Wenn es jedoch zweckmäßiger ist, nach Personennamen einzuordnen, müssen Hinweise angebracht werden, z. B. „Maschinenfabrik Bauer & Co., siehe unter Bauer & Co." ⑰.

Esselte *LEITZ*

Praxis-Tipp:

Hilfreich sind Hinweiszettel, die in der Ablage auf fehlende, gegebenenfalls wieder einzusortierende Schriftstücke aufmerksam machen bzw. die auf (vorübergehend) ausgelagerte Ablagen verweisen.

Anrede, Titel, Anschrift – korrekt und zeitgemäß

Persönliche Anrede 32

Checkliste: Titel, Anschriften und Anreden im Brief 39

Checkliste: Mündliche Anreden 43

Die Grußformel 48

Einladungsschreiben zu besonderen Anlässen 49

3

Berliner Protokoll

Persönliche Anrede

Bei der persönlichen Begegnung spielt die zeitgemäße Anrede eine wichtige Rolle. Darüber hinaus ist sie ein wesentlicher Bestandteil des gesamten Schriftwechsels.

Neben der Anrede stellt die Anschrift eine weitere wichtige Basis für reibungslose Kommunikation dar. Dies gilt für den elektronischen Schriftverkehr ebenso wie für den klassischen Brief. Eine falsche Anrede oder Anschrift kann als mangelndes Interesse bzw. mangelnder Respekt missverstanden werden, kein guter Ausgangspunkt für Geschäftsverhandlungen. Deshalb sollten Sie nachfolgende Richtlinien unbedingt einhalten.

Anschrift

Bei der Anschrift werden Stand und Rang des Empfängers berücksichtigt:

Anrede + Berufsbezeichnung
Akademische Titel, Grade + Name

>Herrn Generaldirektor
>Dipl.-Ing. Friedrich Jermann

>Herrn Architekten
>Jens Müller

Briefhülle und Anschreiben

In die Anschrift, auf Briefhülle und Geschäftsbogen werden alle Titel gesetzt:

>Herrn Polizeipräsidenten
>Dr. Uwe Langenfeld

In der Anrede verwendet man dagegen meist nur den wichtigsten Titel:

>Sehr geehrter Herr Polizeipräsident

oder:

>Sehr geehrter Herr Polizeipräsident Dr. Langenfeld

Akademischer Titel und berufliche Position

In der Anschrift tritt der Doktortitel als Abkürzung und meist auch in Verbindung mit der Fakultät auf:

Herrn Dr. jur. Reinhard Metzner

In der Anrede entfällt die Angabe der Fakultät. Man schreibt:

Sehr geehrter Herr Dr. Metzner

3

Besitzt der Empfänger mehrere Doktortitel, so kommt dies in der Anschrift zum Ausdruck:

Herrn Dr. Dr. Karl Dobermann

In der Anrede schreibt man nur einen Doktor:

Sehr geehrter Herr Dr. Dobermann

Bei Hinzusetzung der Fakultät:

Herrn Dr. med. univ. Hans Steinleitner

Die Anrede aber lautet:

Sehr geehrter Herr Dr. Steinleitner

Geht ein Beamter in Pension, findet man in der Anschrift hinter seinem Titel den Hinweis „a. D." (außer Dienst) oder „i. R." (im Ruhestand). In der Anrede wird selbstverständlich dieser Zusatz nicht verwendet.

Wichtig: Der Titel „Professor" wird in der Anrede ohne Hinzusetzung des Namens gebraucht und – ebenso wie der Titel „Direktor" – nicht abgekürzt.

Auch in der Anschrift wird der Titel „Professor" ausgeschrieben. Wird er in Verbindung mit dem Doktortitel gebraucht, so entfällt bei diesem die Angabe der Fakultät:

Herrn Professor Dr. Heinz Meier

Sehr geehrter Herr Professor

Achtung: In jede Anschrift gehört die gesamte Rangbezeichnung:

Herrn Generaldirektor
Dr. Wolfgang Freiherr von Stein

oder:

> Herrn Generaldirektor
> Johann Schwarzkopf

Das bedeutet jedoch nicht, dass die Anrede nur heißen muss:

> Sehr geehrter Herr Generaldirektor

3 Diese richtet sich nach dem Verhältnis der Chefin/des Chefs zum Adressaten oder nach den Gepflogenheiten des Unternehmens. Die Anrede könnte daher auch lauten:

> Sehr geehrter Herr Dr. von Stein

oder:

> Sehr geehrter Herr Schwarzkopf

Praxis-Tipp:

- Hat der Korrespondent die Aufgabe, eine Teilnehmerliste zu erstellen oder Redner in einem Programm zu benennen, muss er außer dem Doktortitel auch die Fakultät angeben.
- Es muss für die Teilnehmer der Veranstaltung klar zu erkennen sein, ob es sich bei dem Redner um einen Dr. jur., Dr. rer. pol. oder Dr. med. handelt, weil damit eine Aussage über seine fachliche Qualifikation verbunden ist.

Aus dem gleichen Grunde sollte auch die berufliche Position verzeichnet sein.

> Dr. phil. Herbert Günther
> Ausbildungsleiter der SHELA AG

oder:

> Dr. jur. Horst Brinkmann
> Aufsichtsratsmitglied der Mosk AG

Was akademische Titel bedeuten

B. A.	Bachelor of Arts
B. Ed.	Bachelor of Education
B. Eng.	Bachelor of Engineering
B. Sc.	Bachelor of Science
LL. B.	Bachelor of Laws
Dr. med.	Doktor der Medizin
Dr. med. univ.	Doktor der gesamten Medizin
Dr. phil. nat.	Doktor der Naturwissenschaften
Dr. rer. nat.	Doktor der Naturwissenschaften
Dr. sc. nat.	Doktor der Naturwissenschaften
Dr. med. dent.	Doktor der Zahnheilkunde
Dr. med. vet.	Doktor der Tierheilkunde
Dr. phil.	Doktor der Philosophie
Dr. jur.	Doktor des Rechts
Dr. jur. utr.	Doktor beider Rechte
Dr. rer. pol.	Doktor der Staatswissenschaften
Dr. scient. pol.	Doktor der Staatswissenschaften
Dr. oec. publ.	Doktor der Staatswissenschaften
Dr. rer. techn.	Doktor der technischen Wissenschaften
Dr. oec.	Doktor der Wirtschaftswissenschaft
Dr. rer. oecon.	Doktor der Wirtschaftswissenschaft
Dr. rer. merc.	Doktor der Handelswissenschaften
Dr.-Ing.	Doktor-Ingenieur
Dr. theol.	Doktor der Theologie
D.	Doktor der ev. Theologie
Dr. rer. bibl.	Doktor der Bibelwissenschaft
Dr. rer. agr.	Doktor der Landwirtschaftskunde
Dr. h. c.	Doktor ehrenhalber
Dr. e. h.	Doktor ehrenhalber
Dr. habil.	Doktor und befähigt und berechtigt zur Laufbahn eines Hochschullehrers
M.A.	Master of Arts, auch: Magister Artium
M.Ed.	Master of Education
M.Eng.	Master of Engineering
M.Sc.	Master of Science
LL.M.	Master of Laws

3

Abgesehen von den akademischen Titeln, den wichtigsten Rangbezeichnungen in den Unternehmen und den geläufigen Adelstiteln gibt es noch zahlreiche Titel aus dem Bereich der Kirche, der Diplomatie, der Verwaltung und des Hochadels.

Botschafter

3 Im internationalen Sprachverkehr werden Botschafter mit „Exzellenz" angesprochen. Diese Anrede kommt jedoch nur gegenüber Botschaftern fremder Staaten in Frage. Der deutsche Botschafter dagegen wird von einem Deutschen mit „Herr Botschafter" angeredet. Wenn Sie in Kontakt mit einem Konsulat stehen, lautet die offizielle Anrede „Herr Generalkonsul" bzw. „Herr Konsul".

Minister und Beamte

In der Bundesrepublik Deutschland lauten die höchsten Titel und Anreden „Herr Bundespräsident" und „Frau Bundskanzlerin/Herr Bundeskanzler". Die Bundesminister, z. B. der Bundesminister für Wirtschaft, werden mit „Herr Bundesminister" angeredet.

Die Staatsminister der einzelnen Bundesländer werden mit „Herr Minister/Frau Ministerin" angeredet.

Die Ressortleiter der Stadtstaaten werden mit „Herr Senator/Frau Senatorin" tituliert. Die offiziellen Anreden des Stadtoberhauptes sind „Herr Oberbürgermeister/Frau Oberbürgermeisterin" und „Herr Bürgermeister/Frau Bürgermeisterin".

Der Oberlandesgerichtspräsident und Präsidenten anderer Einrichtungen werden „Herr Präsident" angeredet.

Titel an Universitäten

Die offizielle Anrede für den Rektor einer Universität lautet: „Eure Magnifizenz". Für alle anderen Situationen heißt die Anrede „Herr Rektor" oder „Herr Professor". Da heute an vielen Universitäten und Technischen Hochschulen Präsidenten an der Spitze stehen, werden auch diese mit „Herr Präsident" angeschrieben und angeredet.

Adel

Adelstitel sind seit der Weimarer Verfassung von 1919 in Deutschland nur noch Bestandteil des Namens. Hier besteht eine Gleichstellung mit der bürgerlichen Gesellschaft. Sie werden aber noch gebraucht, obwohl der Adel keine besonderen Vorrechte genießt. Siehe hierzu die Checkliste auf den Seiten 42 und 47.

3

Behörden

Schreibt man an eine Behörde, bestehen hinsichtlich Anschrift und Anrede verschiedene Möglichkeiten:

Finanzamt Wolfsburg
Herrn Dr. Waidbauer

Oder an einen bestimmten Beamten, den man persönlich kennt:

Herrn Oberregierungsrat
Dr. Wilhelm Holsten
Bayerisches Kultusministerium

Wird der Brief an eine Einzelperson in Behörde, Unternehmen oder Institution gerichtet, so ist bei der exakten Formulierung der Anrede das persönliche Verhältnis zwischen Schreiber/in und Empfänger/in zu berücksichtigen.

Handelt es sich um die Beantwortung eines Behördenschreibens, sollte man sich nach dem Kopf des vorliegenden Briefes richten:

Der Bundesminister für Wirtschaft

Anschrift für die Antwort:

An den
Bundesminister für Wirtschaft

In Privatbriefen fällt das „An das" in Anschriften an Firmen und amtliche Stellen weg. Es ist zu beachten, dass dann die Anschrift im Akkusativ stehen muss:

DIN 5008 Deutschland	aber:
und Österreich	DIN 5008 Schweiz
Herrn Rechtsanwalt	Herr Rechtsanwalt
Dr. Conrad Huber	Dr. Conrad Huber
Herrn Manfred Müller	Herr Manfred Müller

Mehrere Personen werden angeschrieben

Hier gilt: Die Anschrift muss untereinander stehen, die Anrede kann jedoch auch komplett in einer Zeile erfolgen.

Anschrift und Anrede bei mehreren Personen:	
Anschrift	**Anrede**
Herrn Peter Hartung	Sehr geehrter Herr Peter Hartung,
Herrn Paul Hartung	sehr geehrter Herr Paul Hartung
Frau Ursula Meierhofer	Sehr geehrte Frau Meierhofer,
Herrn Franz Meierhofer	sehr geehrter Herr Meierhofer

Wann Briefe geöffnet werden dürfen

Die Formulierung der Anschrift ist ausschlaggebend dafür, ob der Brief den Empfänger sofort und ungeöffnet erreicht. Ist dies vorgesehen, so muss die Anschrift z. B. lauten:

Herrn Dipl.-Ing. Conrad Lenze *(c/o) Name*
Brauereimaschinenfabrik AG *+ Firma*

Heißt es in der Anschrift aber:

Brauereimaschinenfabrik AG
Herrn Dipl.-Ing. Conrad Lenze

so öffnet die Poststelle den Brief.

Anmerkung: In der nachfolgenden Checkliste ändern sich selbstverständlich, falls Frauen die angesprochenen Amtsträgerinnen sind, Anschrift und Anrede. Die Anschrift lautet: An die Präsidentin des Deutschen Bundestages, die Anrede: Sehr verehrte Frau Bundestagspräsidentin. Dies gilt ebenso bei der mündlichen Anrede, siehe Checkliste ab Seite 43.

Checkliste: Titel, Anschriften und Anreden im Brief

Anschrift	Schriftliche Anrede

- **Titel an Universitäten**

Rektor

Seine Magnifizenz dem Rektor der Universität Freiburg Herrn Professor Dr. …	Euer Magnifizenz

Dekan

An den Dekan der Philosophischen Fakultät der Freien Universität Hamburg Herrn Professor …	Sehr geehrter Herr Dekan

Die früher für den Dekan einer Fakultät übliche Anrede „Euer Spektabilität" gilt als veraltet.

- **Bundesregierung und Beamte**

Bundespräsident

An den Präsidenten der Bundesrepublik Deutschland Herrn Professor Dr. …	Sehr verehrter Herr Bundespräsident

Bundestagspräsident

An den Präsidenten des Deutschen Bundestages Herrn Dr. …	Sehr verehrter Herr Bundestagspräsident

Bundeskanzler

An den Bundeskanzler der Bundesrepublik Deutschland Herrn Dr. …	Sehr verehrter Herr Bundeskanzler

Checkliste: Titel, Anschriften und Anreden im Brief

Anschrift	Schriftliche Anrede
Bundesminister	
An den Bundesminister für Wirtschaft Herrn …	Sehr geehrter Herr Bundesminister
Bundestagsabgeordneter	
An das Mitglied des Deutschen Bundestages Herrn …	Sehr geehrter Herr Abgeordneter
Ministerpräsident eines Bundeslandes	
An den Ministerpräsidenten des Landes … Herrn …	Sehr verehrter Herr Ministerpräsident
Minister eines Bundeslandes	
An den niedersächsischen Minister für Ernährung, Landwirtschaft und Verbraucherschutz Herrn …	Sehr geehrter Herr Minister
Oberlandesgerichtspräsident	
An den Präsidenten des Oberlandesgerichts Herrn …	Sehr geehrter Herr Präsident
Oberbürgermeister	
An den Oberbürgermeister der Landeshauptstadt München Herrn …	Sehr geehrter Herr Oberbürgermeister
An den Regierenden Bürgermeister der Stadt Berlin Herrn …	Sehr geehrter Herr Regierender Bürgermeister

3

Checkliste: Titel, Anschriften und Anreden im Brief

Anschrift	Schriftliche Anrede

■ Kirchliche Titel

Abt

Seiner Gnaden, dem Hoch- würdigsten Herrn Abt von …	Hochwürdigster Herr Abt

Monsignore

Seiner Hochwürden Monsignore	Hochwürdigster Monsignore
Heute üblich: Monsignore	Sehr geehrter Herr Monsignore

Kardinal

Seiner Eminenz dem Hochwürdigsten Herrn Kardinal von …	Euer Eminenz

Heute üblich:

Seiner Eminenz dem Hochwürdigsten
Herrn …

Bischof

Seiner Exzellenz dem Hochwürdigsten Herrn Bischof von …	Euer Exzellenz

Kirchenpräsident

Herrn Kirchenpräsidenten	Hochverehrter Herr Kirchenpräsident

Kirchenrat

Herrn Kirchenrat	Sehr geehrter Herr Kirchenrat

Pastor

Herrn Pastor	Sehr geehrter Herr Pastor

Pfarrer

Herrn Pfarrer	Sehr geehrter Herr Pfarrer

Schwester

An Schwester (Vor- oder voller Name)	Sehr geehrte Schwester (Vor- oder Nachname)

3

Checkliste: Titel, Anschriften und Anreden im Brief

Anschrift	Schriftliche Anrede

3

- **Diplomatisches Korps**

  An einen auswärtigen Botschafter

Seiner Exzellenz	Eure Exzellenz
dem Botschafter der Vereinigten	(im Gespräch:
Staaten von Amerika	Exzellenz)
Herrn …	

  An einen deutschen Botschafter

An den Botschafter der	Sehr verehrter
Bundesrepublik Deutschland	Herr Botschafter
in Italien	
Herrn …	

  An einen Generalkonsul

Herrn Generalkonsul …	Sehr geehrter
Generalkonsulat der	Herr Generalkonsul
Bundesrepublik Deutschland	
Lyon	

  An einen Honorarkonsul

Herrn Dr. Hans Schiller	Sehr geehrter
Malaysischer Honorarkonsul	Herr Konsul
	oder
	Sehr geehrter Herr
	Dr. Schiller

  Entsprechendes gilt für den Honorargeneralkonsul.

- **Adel**

Herrn	Sehr geehrter Herr
Wolfgang Freiherr von Richthofen	von Richthofen
Herrn	Sehr geehrter Herr
Heinz Baron von Kampfen	von Kampfen
Herrn Professor	Sehr geehrter Herr
Dr. Werner Freiherr von Gromes	Professor
Herrn	Sehr geehrter Herr
Dr. med. Eckart Freiherr von Seltsam	Dr. von Seltsam
Herrn Direktor	Sehr geehrter
Peter Graf Hausmann	Graf Hausmann

Checkliste: Titel, Anschriften und Anreden im Brief

Anschrift	Schriftliche Anrede
Frau Dr. jur. Angelika Gräfin von Walden	Sehr geehrte Gräfin Sehr geehrte Frau Dr. von Walden
Herrn Professor Dr. Stefan Graf von Heidemann	Sehr geehrter Herr Professor (voraus- gesetzt, dass man ihn in seiner Eigenschaft als Universitätsprofessor anspricht) sonst: Sehr geehrter Graf Heidemann
Herrn Bernhard Graf von Waldheim	Sehr geehrter Graf Waldheim
Seiner Durchlaucht Fürst (Prinz) …	Euer Durchlaucht

Checkliste: Mündliche Anreden

Anschrift	Mündliche Anrede
■ **Titel an Universitäten**	
Rektor	
Seine Magnifizenz dem Rektor der Universität Freiburg Herrn Professor Dr. …	Magnifizenz
Dekan	
An den Dekan der Philosophischen Fakultät der Freien Universität Hamburg Herrn Professor …	Herr Professor Herr Dekan

Die früher für den Dekan einer Fakultät übliche Anrede „Euer Spektabilität" gilt als veraltet.

Checkliste: Mündliche Anreden

Anschrift	Mündliche Anrede
■ **Bundesregierung und Beamte**	
Bundespräsident	
An den Präsidenten der Bundesrepublik Deutschland Herrn Professor Dr. ...	Herr Bundespräsident
Bundestagspräsident	
An den Präsidenten des Deutschen Bundestages Herrn Dr. ...	Herr Bundestagspräsident
Bundeskanzler	
An den Bundeskanzler der Bundesrepublik Deutschland Herrn Dr. ...	Herr Bundeskanzler
Bundesminister	
An den Bundesminister für Wirtschaft Herrn ...	Herr Bundesminister
Bundestagsabgeordneter	
An das Mitglied des Deutschen Bundestages Herrn ...	Herr Abgeordneter
Ministerpräsident eines Bundeslandes	
An den Ministerpräsidenten des Landes ... Herrn ...	Herr Ministerpräsident

3

Checkliste: Mündliche Anreden

Anschrift	Mündliche Anrede
Minister eines Bundeslandes	
An den niedersächsischen Minister für Ernährung, Landwirtschaft und Forsten Herrn …	Herr Minister
Oberlandesgerichtspräsident	
An den Präsidenten des Oberlandesgerichts Herrn …	Herr Präsident
Oberbürgermeister	
An den Oberbürgermeister der Landeshauptstadt München Herrn …	Herr Oberbürgermeister
An den Regierenden Bürgermeister der Stadt Berlin Herrn …	Herr Regierender Bürgermeister
■ **Kirchliche Titel**	
Abt	
Seiner Gnaden, dem Hochwürdigsten Herrn Abt von …	Euer Gnaden Euer Hochwürden
Monsignore	
Seiner Hochwürden Monsignore	Monsignore
Prälat	
Seine Hochwürden Herrn Prälaten …	Herr Prälat oder Hochwürden

3

Checkliste: Mündliche Anreden

Anschrift	Mündliche Anrede
Kardinal Seiner Eminenz dem Hochwürdigsten Herrn … Kardinal von …	Eminenz
Bischof Seiner Exzellenz dem Hochwürdigsten Herrn Bischof von …	Exzellenz
Kirchenpräsident Herrn Kirchenpräsidenten	Herr Präsident
Kirchenrat Herrn Kirchenrat	Herr Kirchenrat
Pastor Herrn Pastor	Herr Pastor
Pfarrer Herrn Pfarrer	Herr Pfarrer
Schwester Schwester … (Vor- und Zuname)	Schwester …
■ **Diplomatisches Korps** **An einen auswärtigen Botschafter** Seiner Exzellenz dem Botschafter der Vereinigten Staaten von Amerika Herrn …	Exzellenz
An einen deutschen Botschafter An den Botschafter der Bundesrepublik Deutschland in Italien Herrn …	Herr Botschafter
An einen Generalkonsul Herrn Generalkonsul … Generalkonsul der Bundesrepublik Deutschland Lyon	Herr Generalkonsul

Checkliste: Mündliche Anreden

Anschrift	Mündliche Anrede
An einen Honorarkonsul	
Herrn Dr. Hans Schiller Malaysischer Honorarkonsul	Herr Konsul oder Herr Dr. Schiller
Entsprechendes gilt für den Honorargeneralkonsul.	
■ **Adel**	
Herrn Wolfgang Freiherr von Richthofen	Herr von Richthofen
Herrn Heinz Baron von Kampfen	Herr von Kampfen
Herrn Professor Dr. Werner Freiherr von Gromes	Herr Professor
Herrn Dr. med. Eckart Freiherr von Seltsam	Herr Dr. von Seltsam
Herrn Direktor Peter Graf Hausmann	Graf Hausmann
Frau Dr. jur. Angelika Gräfin von Walden	Gräfin Bei großem Altersunterschied: Gnädigste Gräfin
Herrn Professor Dr. Stefan Graf von Heidemann	Herr Professor (vorausgesetzt, dass man ihn in seiner Eigenschaft als Universitätsprofessor anspricht) sonst: Graf Heidemann
Herrn Bernhard Graf von Waldheim	Graf Waldheim
Seiner Durchlaucht Fürst (Prinz) …	Durchlaucht

3

Die Grußformel

Achten Sie darauf, welche Anreden und Grußformeln gegenüber dem Empfänger üblich sind.

Wenn Briefe einmal „mit herzlichen Grüßen" enden und dann wieder mit „vorzüglicher Hochachtung" oder „mit freundlichen Grüßen" abschließen, entstehen oft Kränkungen, die durchaus nicht beabsichtigt waren. Viele Chefs setzen es als selbstverständlich voraus, dass ihre MitarbeiterInnen jeweils die Anrede und den Briefabschluss verwenden, der gegenüber dem Empfänger bisher gebraucht worden ist.

Wichtig: Vergewissern Sie sich auf jeden Fall, ob Anrede und Grußformel exakt aufeinander abgestimmt sowie sämtliche Titel berücksichtigt sind – und vor allem, ob gewählte Anrede und Grußformel angemessen und zeitgemäß sind.

Checkliste: Anrede und Grußformel	
■ Sehr geehrter Herr Jermann	Mit freundlichen Grüßen Mit vorzüglicher Hochachtung Mit verbindlichen Empfehlungen
■ Liebe Frau Jermann	Mit freundlichen Grüßen Mit herzlichen Grüßen
Briefwechsel bei Gleichgestellten: Anrede und Grußformel sollten einander entsprechen.	
■ Persönlich bekannter Empfänger (sowohl im geschäftlichen als auch im persönlichen Bereich)	Mit freundlichen Grüßen Ihr Friedrich Jermann
■ Einen Brief an eine Dame oder an einen im Rang Höherstehenden:	
– unterzeichnet ein Herr	Mit verbindlichen Empfehlungen Ihr sehr ergebener Ihr Friedrich Jermann
– unterzeichnet eine Dame	Ihre sehr ergebene Barbara Jermann

Checkliste: Anrede und Grußformel

■ Diese Anrede ist in der Geschäfts-korrespondenz nicht üblich. Sie ist Ausdruck der Verehrung und wird nur im privaten Bereich bei großem Rang- und Altersunterschied benutzt.	Sehr verehrter Herr …
■ Bei Briefen einer Dame an einen Herrn darf der Vorname abgekürzt werden.	B. Jermann
■ Persönlicher Brief an einen Verheirateten, dessen Ehepartner man kennt.	Ihnen und Ihrer lieben Frau herzliche Grüße

3

Einladungsschreiben zu besonderen Anlässen

Hier finden Sie einige Vorschläge, wie Sie Einladungsschreiben zu besonderen Anlässen formulieren können. Verwenden Sie hochwertiges Papier mit diesen Infos:

■ Name des Einzuladenden (Titel nicht vergessen)

■ Anlass der Einladung

■ Datum, Beginn, Ort

■ Bekleidungshinweis: z. B. Smoking. Auf der Einladung wird nur der Hinweis für den Herrn gegeben. Die Dame trägt das dazu Passende.

■ Um Antwort wird gebeten bis … oder U. A. w. g. bis …

■ c. t. (cum tempore).
Bedeutung: Die Gäste können bis zu einer Viertelstunde nach 20:00 Uhr eintreffen. Heute wird es großzügiger ausgelegt, auch bis zu einer halben Stunde.

■ s. t. (sine tempore). Bedeutung:
Die Gäste sollten pünktlich erscheinen.

- Beschreibung mit Anfahrtskizze, Hotelprospekt

- Vorgedruckte Antwortkarte zum Ankreuzen, hier z. B.:
  Ja, ich komme
  Mich begleitet Frau/Herr *Name*
  Reservieren Sie bitte 1 EZ/1 DZ mit Frühstück im Hotel
  von … bis …

3

Praxis-Tipp:

Wenn Sie Einladungen lange Zeit vorher verschicken muss-ten, senden Sie bitte eine Woche vor Veranstaltungsbeginn noch einmal eine Erinnerung.

Der kaufmännische Schriftverkehr – von der Anfrage bis zur Buchungsbestätigung

Musterbriefe in Bestform 52

Die Anfrage 54

Das Angebot 59

Die Bestellung 64

Die Auftragsbestätigung 69

Die Mängelrüge 72

Der Lieferverzug 78

Der Annahmeverzug 80

Geschicktes Mahnen – am besten mit „Gefühl" 81

Der Werbebrief 90

Die Auskunft 102

Die Terminvereinbarung 104

Die Hotel-Buchungsbestätigung 105

4

Musterbriefe in Bestform

Wer einen Brief zu schreiben hat, sollte daran denken, dass diese Mitteilung die mündliche Aussprache ersetzt. Denn der Brief ist ein Dialog. Man schreibt daher so, wie man spricht. Achten Sie aber dennoch auf Ihre sprachlichen Formulierungen und verwenden Sie keine Umgangssprache. Voraussetzung dafür ist einwandfreies Deutsch.

4 Die äußere Form muss stimmen

Der Empfänger eines Briefes beurteilt den Absender nach dem Inhalt, aber auch nach der äußeren Form des Schreibens.

Beachten Sie immer: „Ausdruck macht Eindruck."

Praxis-Tipp:

Briefe sollten sowohl inhaltlich als auch hinsichtlich ihrer äußeren Form einwandfrei sein:

- Kurze, klare und möglichst einfache Sätze in höflichem, aber nicht unterwürfigem Stil.
- Überflüssige Redewendungen vermeiden, besonders das sogenannte „Kaufmannsdeutsch".

Die Musterbriefe ab Seite 54 sollen helfen, Ihre Korrespondenz besser – besonders im Sinne der Verständlichkeit – und damit effektiver zu gestalten.

Zuvor sollten Sie sich aber erst mit dem richtigen Briefaufbau beschäftigen.

Orientierungshilfe für einen optimalen Briefaufbau stellt die A–E-Regel dar. Lesen Sie hierzu die folgende Checkliste.

Briefaufbau nach der A–E-Regel

Versendungsvermerk Adresse		Eilzustellung Frau Tanja Mustermann Musterweg 18 98789 Musterstadt
Bezugszeichen/Datum Betreff – Behandlungs- vermerk		… Ihre Bestellung Eilt
Anrede Einleitung		vom 01.08.20..
	Teil A Aufmerksam machen!	Sehr geehrte Frau Mustermann, über Ihren Auftrag haben wir uns sehr gefreut.
Schilderung des Sachver- halts	**Teil B** Problem beschreiben!	Wir können aus der Artikelbeschreibung nicht erkennen, welches Modell Sie bestellen möchten. Daher können wir diesen Auftrag nicht ausführen.
Folgerung/Entscheidung	**Teil C** Konsequenzen erläutern!	Aus dem beigefügten Katalog entnehmen Sie bitte unser Lieferpro- gramm und die dazuge- hörige Bestellnummer.
Aktionen	**Teil D** Aktion auslösen! (Wer soll bis wann was warum tun)	Um Sie schnell zu be- dienen, benötigen wir noch die genaue Modell- bezeichnung und die Bestellnummer.
Briefschluss mit Gruß	**Teil E** Schluss ist Steuerungs- Instrument, positiv schließen!	Bitte rufen Sie uns an. Das beschleunigt die Ab- wicklung Ihres Auftrages. Vielen Dank für Ihr Entgegenkommen. Mit freundlichen Grüßen Tanja Mustermann
Anlagen		Anlage 1 Katalog

4

Wichtig: Die folgenden Musterbriefe sind Formulierungsvorschläge, wie Sie Ihre Korrespondenz gestalten können. Wenn Sie Ihre Briefe perfektionieren möchten, so sollten Sie sich an die DIN-Formvorschriften (siehe Seite 22) halten.

Die Anfrage

1. Musterbrief

4

Anschrift   Datum

(Bezugszeichenzeile)

Anfrage nach ...

Sehr geehrte Damen und Herren,

für die Hotelanlage „Vierjahreszeiten" in Oberwiesenthal benötigen wir bis spätestens 15.06. ..

150 Tische (siehe beigefügte detaillierte Zeichnung)

Ausführung:

      Tischplatte,   Eiche massiv 90 x 90 cm

                      40 mm stark

Bitte lassen Sie uns Ihr Angebot mit genauer Angabe der Lieferungs- und Zahlungsbedingungen zukommen.

Mit freundlichen Grüßen

Praxis-Tipp:

Bitte verwechseln Sie nicht diese beiden Satzkonstruktionen:

- Man stellt eine Anfrage nach etwas.
- Man erhält ein Angebot über/für etwas.

2. Musterbrief

Anschrift   Datum

(Bezugszeichenzeile)

Anfrage nach …

Sehr geehrte Damen und Herren,

für einen Großauftrag benötigen wir eine Anlage zur Herstellung von Porzellan.

Bitte schicken Sie uns ein detailliertes Angebot mit Liefer- und Zahlungsbedingungen.

Dürfen wir Ihre Antwort bald erwarten?

Mit freundlichen Grüßen

3. Musterbrief

Anschrift   Datum

(Bezugszeichenzeile)

Anfrage nach ...

Sehr geehrte Damen und Herren,

von einem Geschäftsfreund, Herrn Alfons Achim Herder, erfuhren wir, dass Ihr Unternehmen einen guten Namen in der Sportartikelbranche hat.

Wir sind ein alteingesessenes Exportunternehmen in München. Unsere Kunden interessieren sich besonders für die neuesten Tennisartikel.

Wenn Sie an einer dauerhaften Zusammenarbeit interessiert sind, bitten wir Sie in den nächsten Tagen um Unterlagen über Ihr Sportartikelprogramm.

Mit freundlichen Grüßen

4. Musterbrief

Anschrift   Datum

(Bezugszeichenzeile)

Anfrage nach ...

Sehr geehrte Damen und Herren,

bei meinem Besuch auf der Herbstmesse in Köln wurde ich auf Ihre Erzeugnisse aufmerksam.

Seit vielen Jahren führe ich ein Möbel- und Teppichgeschäft und verfüge über einen großen Kundenkreis. Ich habe mich entschlossen, eine Abteilung für Gardinen und Dekorationsstoffe anzugliedern.

Über den Besuch eines Vertreters aus Ihrem Hause würde ich mich freuen.

Könnten Sie mir vorab Prospekte über Ihre Artikel zuschicken?

Mit freundlichen Grüßen

---

5. Musterbrief

Anschrift   Datum

(Bezugszeichenzeile)

Ihre Anfrage nach ...

Sehr geehrte Damen und Herren,

für Ihre Anfrage danken wir. Ihr Warenmuster liegt uns vor.

Die Forschungsabteilung hat das Muster geprüft. Wir können die gewünschte Qualität ohne Schwierigkeiten liefern.

Die technischen Einzelheiten entnehmen Sie bitte dem beigefügten Prospekt.

Gerne erwarten wir Ihre Antwort.

Mit freundlichen Grüßen

Anlage

4

6. Musterbrief

Anschrift   Datum

(Bezugszeichenzeile)

Ihre Bitte um ein Angebot über/für …

Sehr geehrte Damen und Herren,

vielen Dank für Ihre Anfrage und das Vertrauen, das Sie unserem Hause entgegenbringen.

können wir zurzeit

Aus Kapazitätsgründen ~~sind wir zurzeit nicht in der Lage~~, Ihnen fristgerecht ein Angebot auszuarbeiten. Ihre Unterlagen schicken wir an Sie zurück.

Bitte haben Sie Verständnis für unsere Entscheidung. Wir erarbeiten gerne mit Ihnen zusammen weitere Projekte.

Mit freundlichen Grüßen

Anlagen

7. Musterbrief

Anschrift   Datum

(Bezugszeichenzeile)

Ihre Bitte um ein Angebot über/für ...

Sehr geehrte Damen und Herren,

vielen Dank für Ihre Anfrage.

Ihre beigefügten Pläne haben wir geprüft und dabei festgestellt, dass unsere Produktion/Anlage die gewünschten Teile nicht herstellen/anfertigen kann.

Wir empfehlen Ihnen, mit dem Unternehmen/der Firma ... Kontakt aufzunehmen. Ihre Pläne erhalten Sie in den nächsten Tagen zurück.

Vielen Dank für Ihr Verständnis.

Mit freundlichen Grüßen

Das Angebot

1. Musterbrief

Anschrift   Datum

(Bezugszeichenzeile)

Angebot

Sehr geehrte Damen und Herren,

vielen Dank für Ihre Anfrage.

Wir verweisen auf unsere Allgemeinen Verkaufs- und Lieferbedingungen und bieten an:

....

....

....

Die Zahlungsbedingungen:

30 Tage nach Lieferung/Rechnungsdatum.

Über einen Auftrag freuen wir uns.

Mit freundlichen Grüßen

2. Musterbrief

Anschrift   Datum

(Bezugszeichenzeile)

Angebot

Sehr geehrte Damen und Herren,

für Ihre Anfrage vielen Dank. Hier unser Angebot, gültig zwei Monate. Lieferfrist der Geräte: ....

Auf die angegebenen verbindlichen Bruttopreise – ausgenommen Nettopreise – gewähren wir den Ihrem Hause bekannten Rabatt.

Im Auftragsfall wird die jeweils gültige MwSt. berechnet. Das Angebot wurde nach der Preisliste vom ... erstellt. Grundlage unseres Angebotes ist Ihr Leistungsverzeichnis. Die Ventilpreise beinhalten keine Gegenflanschen, Schrauben und Dichtungen. Die Lieferungen und Leistungen erfolgen nach unseren Allgemeinen Lieferbedingungen. Technische Änderungen behalten wir uns vor. Maß- und Gewichtsangaben sind unverbindlich.

Für das Angebot, beigefügte Zeichnungen und andere Unterlagen behalten wir uns das Eigentums- und Urheberrecht vor. Ohne unsere schriftliche Zustimmung dürfen die Unterlagen weder vervielfältigt noch Dritten zugänglich gemacht werden.

Frau Huber, Niederlassung München, Tel. 0 89/... beantwortet Ihnen gerne noch offen stehende Fragen.

Mit freundlichen Grüßen

3. Musterbrief

Anschrift   Datum

(Bezugszeichenzeile)

Angebot

Sehr geehrte Damen und Herren,

über Ihren Besuch an unserem Messestand auf der AERO-Messe haben wir uns gefreut. Wie besprochen, erhalten Sie heute das Angebot über

– Zweisitziges AMIGO Sportflugzeug

  Preis ab Werk, netto, zzgl. gesetzl. MwSt.   … EUR

  gültig nur für BRD

  Lieferzeit: September/Oktober 20..

  Zahlung: … EUR

  als unverzinsliche Vorauszahlung bei Auftragserteilung –

  Restsumme bei Übernahme, netto.

Dieses Angebot ist nur gültig bis 15.03.20..

Wir freuen uns über Ihre/n Nachricht/Bescheid/Bestellung.

Mit freundlichen Grüßen

4

4. Musterbrief

Anschrift   Datum

(Bezugszeichenzeile)

Sehr geehrte Damen und Herren,

bitte senden Sie uns Ihr Angebot per E-Mail für Telefone von …
(Artikelnr.: …) oder gleichwertiger Fabrikate.

4

In diesem Jahr benötigen wir … Telefone.

Wir erwarten Ihr Angebot bis zum 22.07.20.., ebenso
aktuelles Prospektmaterial.

Ihr Angebot schicken Sie bitte an die Abteilung Materialwirtschaft/Einkauf:
… @…

Mit freundlichen Grüßen

5. Musterbrief

Anschrift   Datum

(Bezugszeichenzeile)

Angebot

Sehr geehrte Damen und Herren,

vielen Dank für Ihre Anfrage.

In dem beigefügten Katalog mit Preisliste finden Sie ausführliche Beschrei-
bungen unserer Modelle.

Unsere Lieferungs- und Zahlungsbedingungen:

- Lieferung frei Haus

- Zahlung per Banküberweisung

- Skonto … %

- Lieferfrist eine Woche

Auf unsere Produkte gewähren wir eine Garantie von einem Jahr.

Mit getrennter Post erhalten Sie die Musterkollektion.

Gerne erwarten wir Ihre Bestellung.

Mit freundlichen Grüßen

4

6. Musterbrief

Anschrift   Datum

(Bezugszeichenzeile)

Sehr geehrte Damen und Herren,

Sie haben an unserer Ausschreibung teilgenommen. Vielen Dank für Ihr Angebot.

Da uns ein günstigeres Angebot vorliegt, können wir Sie bei der Auftragsvergabe nicht berücksichtigen.

Wir bitten um Ihr Verständnis.

Mit freundlichen Grüßen

Die Bestellung

1. Musterbrief

Anschrift   Datum

(Bezugszeichenzeile)

Bestellung

4

Sehr geehrte Damen und Herren,

auf Ihr Angebot vom ... ... 20.. erteilen wir Ihnen den Auftrag

. . . .

. . . .

Bitte liefern Sie binnen vier Wochen frei Haus.

Die Frachtkosten gehen zu Ihren Lasten.

Der Rechnungsbetrag wird nach Erhalt der Ware abzüglich 3 % Skonto an Sie überwiesen.

Wir bitten um eine Auftragsbestätigung.

Mit freundlichen Grüßen

2. Musterbrief

Anschrift   Datum

(Bezugszeichenzeile)

Bestellung

Sehr geehrte Damen und Herren,

für Ihr ausführliches Angebot danken wir.

Bitte liefern Sie

. . . .

. . . .

. . . .

Mit Ihren Lieferungs- und Zahlungsbedingungen sind wir einverstanden.

Als langjähriger Kunde Ihres Hauses bitten wir zu prüfen, ob Sie nur für diese Positionen einen Rabatt von 5 % gewähren.

Die Anzahlung erfolgt sofort nach Eingang der Auftragsbestätigung.

Mit freundlichen Grüßen

3. Musterbrief

Anschrift   Datum

(Bezugszeichenzeile)

Bestellung

Sehr geehrte Damen und Herren,

Ihr Angebot interessiert uns. Gerne möchten wir die italienischen Weine kennen lernen/probieren.

Bitte liefern Sie sofort

. . . .

Auftragswert . . . . EUR zuzüglich MwSt.

Die Zahlung erfolgt bei Warenübernahme. Wir bitten um Ihre Auftragsbestätigung.

Mit freundlichen Grüßen

4. Musterbrief

Anschrift   Datum

(Bezugszeichenzeile)

Bestellung

Sehr geehrte Damen und Herren,

vielen Dank für Ihr Angebot.

Bitte liefern Sie bis spätestens 15.09.20..

. . . .

wie in Ihrem Angebot ausführlich beschrieben. Der Preis je … beträgt … EUR netto.

Mit Ihren Lieferungs- und Zahlungsbedingungen sind wir einverstanden.

Nach Eingang Ihrer Auftragsbestätigung wird ein Drittel des Rechnungsbetrages auf das angegebene Konto überwiesen.

Mit freundlichen Grüßen

4

5. Musterbrief

Anschrift   Datum

(Bezugszeichenzeile)

Bestellung

Sehr geehrte Damen und Herren,

auf unsere Produkte gewähren wir eine Garantie von einem Jahr.

Gerne erwarten wir Ihre Bestellung.

Mit freundlichen Grüßen

Anlage
Katalog

6. Musterbrief

Anschrift   Datum

(Bezugszeichenzeile)

Bestellung

Sehr geehrte Damen und Herren,

Ihre Bestellung kann bis zum ... nicht bei Ihnen eintreffen.

Den zugesagten Liefertermin müssen wir aus produktionstechnischen Grün-
den auf den ... verschieben.

Bitte haben Sie dafür Verständnis.

Mit freundlichen Grüßen

4

Die Auftragsbestätigung

1. Musterbrief

Anschrift   Datum

(Bezugszeichenzeile)

Auftragsbestätigung

Sehr geehrte Damen und Herren,

mit diesem Schreiben bestätigen wir den mündlich erteilten Auftrag zu dem Bauvorhaben

. . . .

. . . .

. . . .

. . . .

Lieferzeit: 10 KW / 9. auf Abruf
Preise: Ab Werk .... EUR zzgl. gesetzl. MwSt.
Zahlungsziel: 14 Tage nach Rechnungsstellung abzüglich 2 % Skonto
                   oder 30 Tage nach Rechnungsstellung rein netto.

Wir freuen uns auf eine gute Zusammenarbeit.

Mit freundlichen Grüßen

2. Musterbrief

Anschrift   Datum

(Bezugzeichenzeile)

Auftragsbestätigung

Sehr geehrte Damen und Herren,

für Ihren Auftrag danken wir Ihnen.

Der Preis versteht sich FOB deutscher Hafen.

Die Lieferfrist beträgt fünf Monate nach Erhalt einer Vorauszahlung von 25 % des Rechnungsbetrages.

Für den Rechnungsbetrag bitten wir Sie, ein unwiderrufliches Akkreditiv bei einer Bank Ihrer Wahl zu eröffnen.

Ihren Auftrag werden wir mit größter Sorgfalt ausführen.

Mit freundlichen Grüßen

3. Musterbrief

Anschrift   Datum

(Bezugszeichenzeile)

Auftragsbestätigung

Sehr geehrte Damen und Herren,

Ihren Auftrag über 10 000 Rollen Faxpapier haben wir erhalten. Vielen Dank.

Die Faxrollen werden in ca. drei Wochen Ihrem Spediteur in unserem Auslieferungslager übergeben.

Bis zur vollständigen Bezahlung bleiben wir Eigentümer der Ware.

Sie werden mit der Ausführung Ihrer Bestellung zufrieden sein.

Mit freundlichen Grüßen

4

Die Mängelrüge

1. Musterbrief

Anschrift   Datum

(Bezugszeichenzeile)

Mängelrüge – Reklamation

Sehr geehrte Damen und Herren,

die Qualität der 30 bei Ihnen gekauften Fotoapparate entspricht nicht den Ausführungen Ihres Angebotes.

Obwohl der Fotoapparat bis zu einer Wassertiefe von zehn Metern wasserdicht sein sollte, beanstandet die Kundschaft, dass Wasser in den Apparat eingedrungen ist. Dies war bereits bei 15 Apparaten der Fall.

Da wir annehmen, dass die restlichen 5 Fotoapparate auch nicht wasserdicht sind, machen wir aufgrund eines verdeckten Qualitätsmangels die Wandlung geltend. Die Ware stellen wir Ihnen wieder zur Verfügung.

Wir bitten um Nachricht, wohin die Fotoapparate geschickt werden sollen.

Bitte erstatten Sie uns den Rechnungsbetrag, der pünktlich am 15.09.20.. an Sie überwiesen wurde.

Mit freundlichen Grüßen

2. Musterbrief

Anschrift   Datum

(Bezugszeichenzeile)

Mängelrüge – Umtausch

Sehr geehrte Damen und Herren,

am 27.09.20.. haben wir die am 23.07.20.. bestellten Schreibtische erhalten.

Folgende Mängel möchten wir schriftlich festhalten:

1. Beim Abladen des Schreibtisches Nr. 14 wurde festgestellt, dass ein Stück Ebenholzfurnier an der Tischecke abgebrochen ist. Der Schaden wurde bereits bei unserem Fahrer reklamiert.

2. Das Nussbaumfurnier des Schreibtisches Nr. 19 weicht in der Farbe erheblich von den bestellten Schreibtischen ab. Es ist sehr viel heller gemasert als die vier gelieferten Tische.

3. Am Schreibtisch Nr. 26 lassen sich die linken Schreibtischschubladen nicht abschließen.

Die Tische stehen in unserem Lager. Wir bitten um einen sofortigen Umtausch.

Mit freundlichen Grüßen

3. Musterbrief

Anschrift   Datum

(Bezugszeichenzeile)

Mängelrüge – Reklamation

Sehr geehrte Damen und Herren,

die Gartenmöbel Nr. 35/50 sind heute eingetroffen.

Die Farbe muss noch frisch gewesen sein, als sie verpackt wurden. 7 Stühle sind verschmiert. 6 Stühle sind mit dem Verpackungsmaterial beklebt. Es lässt sich nicht lösen, ohne den Anstrich zu beschädigen.

13 Stühle sind nicht zu verkaufen.

Wenn Sie uns einen entsprechenden Preisnachlass gewähren, behalten wir die Stühle.

Dürfen wir Ihre Nachricht bis zum … erwarten?

Mit freundlichen Grüßen

4. Musterbrief

Anschrift   Datum

(Bezugszeichenzeile)

Anerkennung der Mängelrüge

Sehr geehrte Damen und Herren,

mit unserer Lieferung waren Sie nicht zufrieden.

Es handelte sich bei dieser Lieferung um eine Eilzustellung. Nur so ist es zu erklären, dass die geschilderten Mängel auftraten.

Bitte entschuldigen Sie den unangenehmen Vorfall. Lassen Sie die Stühle auf unsere Kosten neu streichen, und schicken Sie uns bitte die Rechnung.

Ihre Bestellungen werden wir in Zukunft besonders sorgfältig ausführen.

Mit freundlichen Grüßen

4

5. Musterbrief

Anschrift   Datum

(Bezugszeichenzeile)

Mängelrüge – Reklamation

Sehr geehrte Damen und Herren,

heute beanstanden wir Ihre Bierlieferung zum Oktoberfest.

In unserer Bestellung baten wir ausdrücklich um eine Lieferung „Märzen dunkel". Wir erhielten stattdessen jedoch „Amstel hell".

Leider war wegen der Eröffnung der Wies'n ein Austausch nicht mehr möglich.

In diesem Schreiben machen wir daher Minderung geltend und ziehen bei Bezahlung Ihrer Rechnung 10 % der Summe ab.

Bitte haben Sie Verständnis.

Mit freundlichen Grüßen

6. Musterbrief

Anschrift   Datum

(Bezugszeichenzeile)

Mängelrüge – Reklamation

Sehr geehrte Damen und Herren,

gestern erhielten wir die 24 Bettbezüge.

Sie wurden sorgfältig geprüft. Bei allen Bettbezügen stellte sich heraus, dass die Knopflöcher unordentlich genäht worden sind. Der Mangel ist nicht zu übersehen.

In dieser Ausführung können wir die Bettwäsche unseren Kunden nicht anbieten.

Bitte schicken Sie uns Ersatz von einwandfreier Qualität. Die gelieferten Bettbezüge schicken wir an Sie zurück.

Mit freundlichen Grüßen

---

7. Musterbrief

Anschrift   Datum

(Bezugszeichenzeile)

Ablehnung der Mängelrüge

Sehr geehrte Damen und Herren,

über Ihre Reklamation unserer Sendung Weingläser sind wir sehr erstaunt.

- Unsere Produktion stellt fehlerfreie Ware her.
- Fachleute prüfen ständig die Qualität der Gläser.

Es ist ausgeschlossen, dass jedes Glas Luftblasen vorweist.

Ihre Reklamation können wir daher nicht anerkennen.

Wir bestehen darauf, dass Sie die Sendung Weingläser abnehmen.

Mit freundlichen Grüßen

Der Lieferverzug

1. Musterbrief

Anschrift   Datum

(Bezugszeichenzeile)

Lieferverzug

2. Mahnung

Sehr geehrte Damen und Herren,

am … hatten wir … bestellt und im Schreiben vom … noch einmal um sofortige Lieferung gebeten. Bis heute warten wir vergeblich.

Die Ware brauchen wir dringend für … .

Wir setzen Ihnen eine Nachfrist bis zum … .

Sollte die Ware bis zu diesem Termin nicht eingetroffen sein, verzichten wir auf Ihre Lieferung und werden bei einer anderen Firma kaufen.

Mit freundlichen Grüßen

---

2. Musterbrief

Anschrift   Datum

(Bezugszeichenzeile)

Lieferverzug

1. Mahnung

Sehr geehrte Damen und Herren,

in unserer Bestellung Nr. … baten wir um baldige Lieferung.

Bis heute sind die ……………………… noch nicht eingetroffen.

Wir benötigen die Ware dringend und bitten Sie daher, sofort zu liefern.

Mit freundlichen Grüßen

4

3. Musterbrief

Anschrift   Datum

(Bezugszeichenzeile)

Lieferverzug

2. Mahnung

Sehr geehrte Damen und Herren,

vor 8 Wochen bestellten wir bei Ihnen 300 Exemplare des Software-Pakets „Microsoft Office".

Bitte teilen Sie uns sofort mit, ob wir mit einer Lieferung vor Monatsende rechnen können.

Falls Sie nicht bis zum … liefern, werden wir den Auftrag zurücknehmen und Sie auf Schadensersatz verklagen.

Mit freundlichen Grüßen

Der Annahmeverzug

Anschrift   Datum

(Bezugszeichenzeile)

Annahmeverzug

Sehr geehrte Damen und Herren,

Sie haben die Annahme von 20 Kisten mit Videogeräten verweigert. Dies teilte uns heute der Spediteur mit.

Die Kisten enthalten die von Ihnen am … bestellten Geräte.

Wir können uns nicht vorstellen, warum Sie die Sendung nicht annahmen.

Die 20 Kisten lagern auf Ihre Kosten beim Spediteur.

Bitte lassen Sie die Sendung bis zum … bei der Spedition … abholen.

Hier die Anschrift:

Richard Weimann
Landshuter Allee 150
80… München

Mit freundlichen Grüßen

Geschicktes Mahnen – am besten mit „Gefühl"

Immer eine heikle Sache, das Mahnen. Doch ein Kunde, der nicht zahlt, ist kein verlorener Kunde. Durch eine ungeschickte Erinnerung können Sie Kunden verlieren. Ihre Mahnung sollte darum auf die Art des Kunden und die vermutliche Ursache der Zahlungsverzögerung abgestellt sein. Ein allgemein gültiges Schema für Mahnverfahren gibt es nicht. Wichtig ist, stets eine Frist zu setzen.

So *könnten* Sie vorgehen:

Fälligkeitstag:	Erinnern durch Zusendung von Preisliste, Angebot, Rechnungsdurchschrift oder Kontoauszug
14 Tage später:	Zusendung z. B. eines Kontoauszuges, Vermerk „Mahnung"
14 Tage später:	2. Mahnung in Form eines höflichen Briefes (Vordruck genügt, niemals auf offener Postkarte)
14 Tage später:	3. Mahnung; schärfer abgefasster Brief mit Androhung einer Postnachnahme (Einschreibebrief), um der Forderung Nachdruck zu verleihen
8 Tage später:	Zustellung der Postnachnahme, durch die Forderungen eingezogen werden. Gebühren trägt der Schuldner. (Problem: Empfänger kann Zahlung verweigern und Nachnahme zurückgehen lassen.)
bei Nichteinlösung:	4. Mahnung; schärferer Ton, letzten Termin für die Zahlung setzen und Mahnbescheid androhen
letzter Termin:	Zustellung des Mahnbescheides. Damit beginnt das gerichtliche Mahnverfahren. Die Androhung gerichtlicher Maßnahmen darf nicht unterbleiben, weil der Schuldner die Gerichtskosten zahlen muss. Zwischen Terminbrief und Antrag auf Mahnbescheiderlass sollten 14 Tage liegen.

4

Inkassobüro

Kein Unternehmen kann es sich leisten, über die Maßen lange Kredite zu gewähren. Ebenso reduziert sich der Verwaltungsaufwand durch die Einschaltung eines Inkassobüros erheblich. Auch die Mitarbeiter der Buchhaltung werden entlastet. Somit kann Arbeitszeit eingespart werden.

Bei Nichtbeachtung der 1. Mahnung kann ein Inkassobüro beauftragt werden, um die Laufzeiten für den Geldeingang so kurz wie möglich zu halten. Das Inkassobüro übernimmt den Fordereinzug. Alle damit verbundenen Kosten wie Briefwechsel, Bearbeitungsgebühr sowie Verzugszinsen und eventuell Kosten für Mahn- und Vollstreckungsbescheid müssen vom Schuldner übernommen werden.

1. Musterbrief

Anschrift   Datum

(Bezugzeichenzeile)

1. Mahnung

Sehr geehrte Damen und Herren,

unsere Rechnung Nr. … vom … wurde noch nicht bezahlt. Als Anlage erhalten Sie eine Kopie der Rechnung.

Dürfen wir Ihren Betrag über … EUR bis zum … erwarten?

Mit freundlichen Grüßen

Anlage
Kopie der Rechnung

2. Musterbrief

Anschrift   Datum

(Bezugszeichenzeile)

Zahlungserinnerung – 1. Mahnung

Sehr geehrte Damen und Herren,

mit diesem Schreiben weisen wir Sie darauf hin, dass unsere Rechnung Nr. … vom … über … EUR noch offen steht.

Bitte begleichen Sie den fälligen Betrag in den nächsten Tagen.

Sollten Sie inzwischen gezahlt haben, so betrachten Sie dieses Schreiben bitte als gegenstandslos.

Mit freundlichen Grüßen

4

3. Musterbrief

Anschrift   Datum

(Bezugszeichenzeile)

Rechn.-Nr. … in Höhe von … EUR

Sehr geehrter Geschäftsfreund,

das Mahnen, Herr, ist eine schwere Kunst! Sie werden's oft am eig'nen Leib verspüren. Man will das Geld, doch will man auch die Gunst des werten Kunden nicht verlieren.

Allein der Stand der Kasse zwingt uns doch, ein kurz' Gesuch bei Ihnen einzureichen: Sie möchten uns, wenn möglich, heute noch die oben angeführte Schuld begleichen.

Vielen Dank!

Mit freundlichen Grüßen

---

4. Musterbrief

Anschrift
Datum

(Bezugszeichenzeile)

Zahlungserinnerung

Sehr geehrte Damen und Herren,

wie viele Dinge im täglichen Geschäftsleben gibt es, die man sofort erledigen wollte und dann später doch vergessen hat!

Manchmal ist man für einen leisen Wink dankbar. Sicher haben Sie es übersehen, unsere unten aufgeführte Rechnung zu bezahlen.

Bitte veranlassen Sie gleich, dass der fällige Betrag überwiesen wird.

Vielen Dank!

Mit freundlichen Grüßen

Rechnung vom	Rechnung Nr.	Text	Aufstellung	
			Soll EUR	Haben EUR

5. Musterbrief

Anschrift   Datum

(Bezugszeichenzeile)

Zahlungserinnerung – 2. Mahnung

Sehr geehrte Damen und Herren,

vergeblich haben wir an die Bezahlung der unten aufgeführten Beträge erinnert.

Bitte überweisen Sie die noch offen stehenden … EUR oder schreiben Sie uns, falls ein Missverständnis oder ein anderer Grund zur Zahlungsverzögerung vorliegt.

Mit freundlichen Grüßen

Rechnung vom	Rechnung Nr.	Text	Aufstellung	
			Soll EUR	Haben EUR

6. Musterbrief

Anschrift   Datum

(Bezugszeichenzeile)

2. Zahlungserinnerung

Sehr geehrte Damen und Herren,

unsere erste Zahlungserinnerung vom 15.07.20.. ließen Sie unbeantwortet.

Bitte überweisen Sie den Rechnungsbetrag … EUR bis zum 15.09.20.. auf unser Konto.

Falls Sie den Betrag bereits überwiesen haben, betrachten Sie bitte diese Erinnerung als gegenstandslos.

Mit freundlichen Grüßen

7. Musterbrief

Anschrift   Datum

(Bezugszeichenzeile)

3. Zahlungserinnerung

Sehr geehrte Damen und Herren,

unsere Rechnung vom 15.07.20.. über ... EUR wurde trotz zweimaliger Mahnung bis heute nicht bezahlt.

Falls Sie den offenen Rechnungsbetrag nicht bis zum 15.09.20.. überweisen, leiten wir rechtliche Schritte gegen Sie ein.

Mit freundlichen Grüßen

---

8. Musterbrief

Anschrift   Datum

(Bezugszeichenzeile)

Zahlungserinnerung – 3. Mahnung

Sehr geehrte Damen und Herren,

unsere Mahnungen blieben bisher unbeantwortet.

Bevor wir unsere Rechtsabteilung mit dem Einzug beauftragen, bitten wir Sie, den fälligen Betrag bis zu dem unten angegebenen Termin zu überweisen.

Bitte halten Sie diesen Termin in Ihrem eigenen Interesse ein, um unnötige Kosten zu vermeiden.

Termin: 15.10.20..

Mit freundlichen Grüßen

Rechnung vom	Rechnung Nr.	Text	Aufstellung	
			Soll EUR	Haben EUR

---

9. Musterbrief

Anschrift   Datum

(Bezugszeichenzeile)

Letzte Zahlungserinnerung

Sehr geehrte Damen und Herren,

unsere Mahnserie ist abgelaufen – ohne Erfolg! Wenigstens einen verbindlichen Zwischenbescheid hätten wir als Zeichen guten Willens erwartet.

Sehen Sie bitte dieses Mahnschreiben als den letzten Versuch einer gütlichen Einigung. Bleibt Ihre Zahlung in den nächsten Tagen aus, werden wir unsere Forderungen zum Einzug weiterleiten. Wir würden das sehr bedauern, denn vermeidbare Kosten und Unannehmlichkeiten möchten wir Ihnen ersparen.

Rechnung vom	Rechnung Nr.	Text	Aufstellung	
			Soll EUR	Haben EUR

1. Mahngebühr: … EUR
2. Mahngebühr: … EUR

Fällige Gesamtforderung: … EUR

Unsere Buchhaltung erwartet den Eingang der Zahlung bis zum: …

Betrachten Sie bitte dieses Schreiben als gegenstandslos, wenn Sie die Rechnung bereits bezahlt haben.

Mit freundlichen Grüßen

10. Musterbrief

Anschrift   Datum

(Bezugszeichenzeile)

3. Mahnung

Sehr geehrte Damen und Herren,

unsere beiden Mahnungen ließen Sie bis heute unbeantwortet.

Mit unseren günstigen Zahlungsvorschlägen sind wir Ihnen sehr entgegen-gekommen.

Wir bitten Sie in diesem Schreiben zum letzten Mal, den Betrag über … EUR bis spätestens zum … zu überweisen.

Nach Ablauf dieser Frist werden wir rechtliche Schritte gegen Sie einleiten.

Mit freundlichen Grüßen

Zum versöhnlichen Abschluss dieser Beispielreihe unerfreulicher Mahnschreiben noch ein Originalbeispiel aus der Praxis, das zeigt, wie man einen Geschäftsfreund an seine Verpflichtungen erinnern kann, ohne ihn zu verletzen.

11. Musterbrief

4

Anschrift			Datum	

(Bezugszeichenzeile)

Unser Telefonat vom 21.07.20.. – Bezahlung div. Rechnungen –

Sehr geehrte Damen und Herren,

ein Experte auf dem Gebiet der Sprachforschung bezeichnete kürzlich diese sieben Wörter als die ausdrucksvollsten der deutschen Sprache:

1. Das schönste Wort	■ Liebe
2. Das tragischste Wort	■ Tod
3. Das innigste Wort	■ Mutter
4. Das wärmste Wort	■ Freundschaft
5. Das kälteste Wort	■ Nein
6. Das bitterste Wort	■ Einsam
7. Das traurigste Wort	■ V e r g e s s e n

Dieses letzte Wort macht uns Kummer, weil Sie vergessen haben, unsere Rechnungen zu bezahlen.

Mit freundlichen Grüßen

Rechnung vom	Rechnung Nr.	Text	Aufstellung	
			Soll EUR	Haben EUR

Der Werbebrief

Schon lange wird vor allem in der Werbebranche die sogenannte AIDA-Formel angewendet. Sie stellt ein erfolgreiches Schema dar, um potenzielle Käufer für ein Produkt zu begeistern. Folgendes steht hinter dieser Formel:

A	=	Attention	=	Achtung, hier bin ich
I	=	Interest	=	Interesse erwecken
D	=	Desire	=	Wunsch auslösen
A	=	Action	=	Zum Handeln veranlassen

4

Aufbau

Damit Werbebriefe möglichst wirksam sind und den Kunden ansprechen, sollten Sie auch hier den Briefaufbau und Ihre Formulierungen gemäß der AIDA-Formel gestalten:

- Großes Einfühlungsvermögen

- Sprachliche Mittel optimal einsetzen

- Wirkungsvoll argumentieren

- Persönliche Note einbringen

- Datum und Unterschrift

Die Beispiele auf den folgenden Seiten sind ebenfalls nach diesem Schema aufgebaut.

Praxis-Tipp:

Ein Werbebrief sollte nicht länger als eine Seite sein!

1. Musterbrief

Anschrift   Datum

(Bezugszeichenzeile)

Sehr geehrte Damen und Herren,

Sie können auf die verschiedensten Arten dem Stress des Alltags entfliehen. Eine der schönsten ist es, lautlos, dem Vogel gleich, im Wind zu gleiten. Dieses einzigartige Erlebnis ist nur dem Segelflieger vergönnt, wenn er von Aufwind zu Aufwind schwebt und dabei Zeit und Alltagssorgen vergisst.

Wenn auch Sie, wie Reinhard Mey so schön singt, die grenzenlose Freiheit erleben wollen, empfehlen wir Ihnen, das Segelfliegen zu erlernen.

Wir würden uns freuen, wenn Sie das bei uns – im Herzen der Fränkischen Schweiz – an der Fränkischen Fliegerschule Feuerstein tun würden. Wir sind ein Team von erfahrenen Fluglehrern und bieten Ihnen neben unserer Erfahrung bestes Fluggerät an.

Wenn Sie erst probieren möchten, ob das Fliegen Ihnen die erwartete Freude bereitet, bieten wir Ihnen unseren Schnupperkurs zum Kennenlernen an.

Schreiben Sie uns. Wir schicken Ihnen gerne ausführliches Informationsmaterial.

Mit freundlichen Grüßen

2. Musterbrief

Anschrift   Datum

(Bezugszeichenzeile)

Sehr verehrte Frau …, sehr geehrter Herr …,

können Sie sich noch an die Weihnachtsfeiertage im Vorjahr erinnern? Feiertage, die Sie voller Hektik und Unruhe verbracht haben? Gnädige Frau, wie lange standen Sie am Heiligabend in der Küche und waren mit der Zubereitung des Festbratens beschäftigt?

Warum das alte Jahr nicht in Ruhe und Frieden ausklingen lassen und es in mondäner Atmosphäre auf einem wundervollen Silvesterball verabschieden?

GRAND HOTEL …, das am schönsten gelegene Hotel von …, bietet Ihnen ein Weihnachtsfest, an das Sie sich noch oft und gerne erinnern werden!

Wir haben für Sie ein Weihnachts- und Silvesterarrangement zusammengestellt, das keine Wünsche offen lässt!

Sie wohnen vom 23.12. … bis 02.01. …

für … EUR pro Person

in einem unserer Komfortzimmer, die mit Bad/WC, Minibar, Farbfernseher, Video, Radio und Durchwahltelefon ausgestattet sind.

Im Preis inbegriffen sind:
- Begrüßungscocktail
- Candlelight Dinner am Heiligabend
- Punsch am Kamin
- Karten für ein Weihnachtskonzert
- Teilnahme am großen Silvesterball mit Gala Dinner und Mitternachtsbuffet.

Bitte reservieren Sie bis zum …

Wir freuen uns auf Sie.

Mit freundlichen Grüßen

3. Musterbrief

Anschrift   Datum

(Bezugszeichenzeile)

Möchten Sie gerne in 4,2 sec. nach New York,

sehr geehrte Frau …/sehr geehrter Herr …?

Und gleichzeitig könnten Sie Ihren Mietwagen reservieren und Ihr Hotel buchen, außerdem Ihr Ticket für das Musical am Broadway hinterlegen lassen!

Sie meinen, das geht doch nicht?

Lassen Sie sich überraschen: Gehen Sie in das nächste Reisebüro und fragen Sie nach „amadeus", dem Reise-Reservierungssystem, das (fast) keine Wünsche offen lässt. Mit weltweit über 120 000 angeschlossenen Reisebüros, die Ihnen

- Flüge von 750 Airlines
- Zimmer von 200 Hotelketten
- Tickets von 150 Veranstaltern
- Mietwagen von 50 Anbietern
- und vieles mehr

vermitteln können, liegen Sie goldrichtig! Denn inzwischen gibt es „Best Buy", die Option, die Ihnen all das auch noch zum jeweils günstigsten Preis ermöglicht – in nur 4,2 Sekunden*!

Suchen Sie sich Ihr Traumziel noch heute aus, Frau …/Herr …, testen Sie uns – wir freuen uns, wenn wir Ihren Traum für Sie verwirklichen dürfen!

Freundliche Grüße!

* So lange dauert es maximal, bis „amadeus" die Anfrage Ihres Agenten beantwortet.

4. Musterbrief

Anschrift   Datum

(Bezugszeichenzeile)

Standplatz für Ihre Gesundheitstage

Sehr geehrte Damen und Herren,

Gesundheit – Schönheit – Wohlbefinden: alles eine Sache der Ernährung?
Die Gesundheit ist unser höchstes Gut und leider nicht käuflich. Der Satz: „Du
bist, was du isst!", hat in unserer modernen Leistungsgesellschaft mehr Bedeutung als je zuvor. Aber so absurd wie es klingen mag, gerade in der heutigen
Zeit des Überflusses an Nahrung erhält unser Organismus zu wenig! Zu wenig
Vitamine, zu wenig Mineral-, Vital- und Ballaststoffe, zu wenig an biologisch
hochwertigem Eiweiß.

Dagegen essen wir im Allgemeinen zu viel Fett und Zucker. Ein Mangel an
hochwertigen Nährstoffen richtet in unserem Körper fatale Schäden an.

Hierzu unsere Empfehlung: Silofreie Molkeprodukte, die alle hochwertigen
und gesunden Nährstoffe der Milch enthalten. Molke, das „Serum der Milch"
mit dem wertvollsten biologischem Eiweiß aller Proteine, schon vor 2000 Jahren als Heil- und Schönheitsmittel eingesetzt, gewinnt als Nahrungsmittel wieder an Bedeutung.

Weiter führen wir Käse-Spezialitäten: Allgäuer Emmentaler-, Alm- und Berg-
käse sowie andere weniger bekannte Käsesorten, wie zum Beispiel Wein-
käse aus silofreier Alpenmilch. Grundvoraussetzung für die Herstellung dieser Käsesorten ist, dass der Bauer, der die Milch an die Sennereien liefert,
seinen Kühen nur frisches Gras und luftgetrocknetes Heu füttert.

Unseren hohen Qualitätsanspruch sichern wir so ab:

■ Durch unsere langjährige Erfahrung als Molkereimeister in der 3. Generation

■ Die angebotenen Molkereiprodukte holen wir persönlich aus den umliegen-
den kleinen Sennereien und „Alpen" im Allgäu, um die Qualität vor Ort prüfen zu können.

■ Für unsere Kunden schneiden wir den Käse frisch vom Leib.

Könnten Sie sich vorstellen, dass wir Sie in Ihrem Unternehmen im Rahmen
von „Gesundheitstagen" über den Nutzen gesunder Ernährung in einer Prä-
sentation informieren, zum Wohle Ihrer Mitarbeiter? Und dazu unsere Allgäuer Spezialitäten anbieten?

Mit unserem Angebot stellen wir uns jedem Vergleich.

Bitte geben Sie uns die Möglichkeit zu einem persönlichen Gespräch mit
Ihnen.

Mit herzlichen Grüßen aus dem Allgäu

5. Musterbrief

Anschrift   Datum

(Bezugszeichenzeile)

Suchen Sie Torlösungen? – Wir haben die passenden Systeme!

Sehr geehrter Herr …/Sehr geehrte Frau …,

Sie erhalten bei uns vielseitige Komplettlösungen aus einer Hand. Anforderungen aus der Bauplanung – ob Neubau oder Sanierung – werden individuell ausgearbeitet und in eigener Fertigung hergestellt.

Butzbach Torsysteme besitzen einen hohen Stellenwert in Industrie und Handel. Unsere Kunden schätzen die Qualität unserer Produkte und unseren kompetenten Service seit über 20 Jahren.

Ihre Vorteile unserer Torsysteme auf einen Blick:

- technologisch ausgereifte und erprobte Tore für den Außen- und Innenbereich
- optimale Eigenschaften beugen Wärmeverluste vor – Sie sparen Energie
- hochqualifizierter Service durch ein bundesweit werkseigenes Servicenetz
- kompetente Beratung und Betreuung vor und nach dem Kauf

Zur ersten Information erhalten Sie einen kurzen Überblick über unser Produktprogramm.

Haben wir Ihr Interesse geweckt? Gerne schicken wir Ihnen ausführliches Prospektmaterial zu – oder Sie rufen gleich Herrn Schäffer, unseren Fachberater ganz in Ihrer Nähe an. Seine Rufnummer ist …

Freundliche Grüße

Anlage

Produktprogramm

PS: Nutzen Sie die beigefügte Antwortkarte!

6. Musterbrief

Anschrift   Datum

(Bezugszeichenzeile)

Wülfrath Chassis Werk – Wir halten Sie in der Spur –

Sehr geehrter Kunde,

VISTEON Lenkungen und Achsschenkel in Ihren Fahrzeugen – das ist unsere VISION. Ihre Vorstellungen von einem Fahrwerk, entwickelt und verwirklicht von unserem Team engagierter Ingenieure. Produziert von Facharbeitern mit modernsten Maschinen auf dem aktuellsten Stand der Technik.

See the possibilities

... der Slogan unseres Konzerns. Aus Ihren Ideen wird ein qualitativ hochwertiges Fahrwerk. Egal, ob mit einer manuellen, elektrohydraulischen oder hydraulischen Lenkung. Ihre VISION ist unsere Lenkung!

In der beigefügten Broschüre finden Sie Informationen über unser Werk, unseren Stand der Technik und unsere Produkte. Oder Sie schauen auf unsere Homepage unter ...

Konnten wir Ihr Interesse wecken? Dann erreichen Sie unsere Verkaufsberater unter der Telefonnummer ... oder per E-Mail.

Wir freuen uns schon jetzt auf eine erfolgreiche Zusammenarbeit.

Ihr Erfolg ist unser Ziel!

---

7. Musterbrief

Anschrift   Datum

(Bezugszeichenzeile)

Problemlos sauber!

Sehr geehrter Herr …/Sehr geehrte Frau …

wäre es keine schöne Vorstellung, wenn Sie Ihre Zeit nicht mehr mit Problemen rund um die Reinigung verschwenden müssten? Kein Ärger mehr mit ausgehenden Reinigungsmitteln, defekten Staubsaugern oder zu wenig Müllbeuteln. Keine Sorgen mehr, wenn Mitarbeiter krank werden oder in den Urlaub gehen. Keine Personalverwaltungsarbeiten mehr.

Wir machen für Sie sauber!

Unser Unternehmen ist seit 30 Jahren auf dem Gebiet der Gebäudereinigung tätig. Wir sind stolz, größter Dienstleister und Marktführer in der Gebäudereinigung in der Region zu sein.

Unsere Niederlassungen mit Sitz in … und … garantieren Kundennähe und regionale Erreichbarkeit.

Zudem sind wir bereits seit … nach DIN EN ISO 9002 zertifiziert, um Ihnen garantierte Qualitätsstandards bieten zu können.

Gerne stellen wir Ihnen unsere Dienstleistungen bei einem persönlichen Gespräch vor. Ansprechpartner in unserem Haus sind dazu Frau … und Frau …. Oder Sie schicken einfach beigefügtes Antwortfax an uns.

Wir freuen uns auf Sie!

Mit freundlichen Grüßen

4

ANTWORTFAX

ICH MÖCHTE INFORMIERT WERDEN!

per Telefax an: …

Adresse:

Firma: _____

_____

Ansprechpartner: _____

Straße: _____

PLZ/Ort: _____

Telefon: _____

Telefax: _____

E-Mail: _____

Ich wünsche unverbindlich und kostenfrei:

☐ Informationsmaterial

☐ Anruf bzgl. Informationsgespräch

☐ Terminvereinbarung

aus den Leistungsbereichen:

☐ Unterhaltsreinigung Verwaltung
☐ Unterhaltsreinigung Produktion
☐ Bau-, Glas- und Sonderreinigung

☐ Reinigung von lebensmittelver-
arbeitenden Betrieben
☐ Hausmeisterservice
☐ Beratung Reinigung

8. Musterbrief

Anschrift   Datum

(Bezugszeichenzeile)

Systemlösungen für höchste Reinigungsanforderungen

Sehr geehrter Herr …/Sehr geehrte Frau …,

das … Anlagenprogramm bietet Ihnen Systeme für nahezu alle Teilereinigungsaufgaben in der industriellen Produktion – für Werkstücke aus Metall, Kunststoff und Glas, für millimetergroße Kleinstteile bis hin zu tonnenschweren Motoren.

Wesentliche Erfolgsfaktoren sind innovative Produkte und Verfahren, durch die Sie hochwertige Reinigungsergebnisse zu günstigen Kosten erzielen. Besonders, wenn es um die Reinigung komplexer Werkstückgeometrie mit höchsten Anforderungen an die Oberflächenqualität geht, sind wir Spezialist. Die langjährige Erfahrung als Partner der internationalen Automobilindustrie und ein breites Spektrum leistungsfähiger Verfahren garantieren maßgeschneiderte Lösungen. Profitieren Sie davon!

Unsere hochmoderne Fertigung steht Ihnen immer offen. Sie können sich über Prozesse und Verfahren informieren und in speziellen Versuchsreihen im eigenen Technikum gemeinsam mit unseren Mitarbeitern testen, ob die Maschinen und Anlagen Ihren speziellen Anforderungen gerecht werden.

Gerne vereinbaren wir einen Termin mit Ihnen. Rufen Sie uns an.

Mit freundlichen Grüßen

4

9. Musterbrief

Anschrift   Datum

(Bezugszeichenzeile)

**Suchen Sie optimale Lösungen für Ihre Schaufenster-Dekorationen?
Wir haben die passenden – innovativ und kostengünstig!**

Sehr geehrter Herr …/Sehr geehrte Frau …

Sie erhalten bei uns vielseitige Komplett-Lösungen aus einer Hand:

- Bundesweite VKF – bzw. Deko-Aktionen
- Displayproduktionen
- Grafikdesign

Anforderungen hierzu werden individuell ausgearbeitet und in eigener Fertigung erstellt.

Unsere Agentur besitzt einen hohen Stellenwert in Industrie, Handel und Handwerk. Seit über 30 Jahren schätzen unsere Kunden die Qualität unserer Produkte/Dienstleistung und unseren kompetenten Service.

Unsere Agentur garantiert Kundennähe und überregionale Erreichbarkeit.

Gerne stellen wir Ihnen weitere Einzelheiten zu unseren Produkten/Dienstleistungen in einem persönlichen Gespräch mit Ihnen vor.

Ihre Ansprechpartnerin ist Frau …. Sie erreichen sie unter der Durchwahl … oder schicken Sie einfach das beigefügte Fax an uns.

Wir freuen uns auf Sie! Ihr Erfolg ist unser Ziel!

Mit freundlichen Grüßen

4

10. Musterbrief

Anschrift   Datum

(Bezugszeichenzeile)

Fashionator – die Revolution auf dem Effektmaschinenmarkt

Sehr geehrte Damen und Herren,

Effektgarne sind und bleiben immer aktuell, da es keine Alternative für sie geben wird.

Jede Saison hat den Run nach etwas Neuem, nach dem exklusiven etwas anderen Garn. Dies hat uns gefordert und veranlasst, unsere weltweit bekannte ESP neu zu entwickeln. Wir haben für Sie eine moderne Effektmaschine mit zahlreichen Neuerungen – den Fashionator EHP – konstruiert.

Hier ein Auszug der Vorteile der neuen EHP:

- **Verdreifachung der Produktion**
- **hervorragende Zwirnspulenqualität**
- **reduzierte Montagekosten**
- **wesentlich gleichmäßigere Effekte**

Wenn Sie den Fashionator „live" erleben möchten, dann nehmen Sie Kontakt mit uns auf. Unsere Fachleute erwarten Sie.

Mit freundlichen Grüßen

Die Auskunft

1. Musterbrief

Anschrift   Datum

(Bezugszeichenzeile)

Bitte um Auskunft · V e r t r a u l i c h

Sehr geehrter Herr ... / Sehr geehrte Frau ...

die auf dem beigefügten Schriftstück genannte Firma hat uns heute einen ersten Auftrag über Maschinen im Wert von 675 000 EUR erteilt. Gebeten wurde um ein Zahlungsziel von 6 Wochen.

Ihr Unternehmen wurde uns als Referenz genannt, da Sie seit Jahren mit dieser Firma in Geschäftsverbindung stehen.

Können Sie uns eine Auskunft geben über Umsatz, finanzielle Lage und Zahlungsfähigkeit?

Vielen Dank für Ihr Entgegenkommen.

Mit freundlichen Grüßen

2. Musterbrief

Anschrift   Datum

(Bezugszeichenzeile)

Ersuchen um Referenzen

Sehr geehrte Damen und Herren,

Sie wünschen eine Auskunft über eine Firma, die uns seit vielen Jahren ein zuverlässiger Geschäftspartner ist.

Das Unternehmen ist eine ... gegründete AG und beschäftigt 1 800 Mitarbeiter.

Nach unserem Wissen konnte die Gesellschaft das Exportgeschäft von 15 % auf 35 % erhöhen. Umsatz und Gewinn sind ständig gestiegen. Über die Zahlungsfähigkeit ist uns nichts Negatives bekannt.

Wir sind überzeugt, dass Sie in dieser Firma einen seriösen und kreditwürdigen Geschäftspartner gefunden haben.

Diese Auskunft erteilen wir vertraulich und ohne Gewähr.

Mit freundlichen Grüßen

Die Terminvereinbarung

4

Anschrift   Datum

(Bezugszeichenzeile)

Sehr geehrter Herr ...,

vielen Dank für Ihr Schreiben vom 03.02.20..

Gerne werden wir Sie am 17.06.20.. empfangen, um Ihnen unser Werk und die „EXPONATA" (die 6 000 qm große Ideenlandschaft von ...) vorzustellen.

Bitte informieren Sie sich bei Frau ... .

Sie klärt mit Ihnen die Einzelheiten wie Ihre Ankunft und den Ablauf Ihres Besuches.

Unsere Rufnummer: . . . .

Sicher wird der Besuch für Sie und Ihre Kollegen interessant und aufschlussreich.

Wir erwarten gerne Ihren Anruf.

Mit freundlichen Grüßen

Die Hotel-Buchungsbestätigung

1. Musterbrief

Anschrift   Datum

(Bezugszeichenzeile)

Buchungsbestätigung

Sehr geehrte Frau …,

gerne bestätigen wir Ihre Buchung

Anz.	Leistung	Preis	von	bis	Summe	gesetzl. MwSt
1 DZ		85 EUR	10.05.20...	12.05.20...	170 EUR	27,14 EUR

für 2 Tag(e) pro Übernachtung und Zimmer inkl. Frühstücksbuffet und gesetzl. MwSt.

       Anreise: 10.05.20..
       Abreise: 12.05.20..

Bitte informieren Sie uns, wenn Ihre Anreise nach **18.00 Uhr** erfolgt. Unsere Rezeption schließt um **22.00 Uhr**. Die Übernachtungskosten können Sie mit **EC-Karte** oder in **bar** bezahlen. Eine Rechnungsstellung ist leider nicht möglich. Bitte beachten Sie auch, dass wir bei Nichtanreise eine Stornogebühr berechnen müssen.

Wenn Sie mit dem PKW anreisen, empfehlen wir Ihnen, im Parkhaus … in der … zu parken. Der Tarif dort ist max. 10 EUR für 24 Stunden oder als Nachtpauschale für 1 EUR von 19.00 Uhr bis 9.00 Uhr am nächsten Tag.

Hinweis: Unser Hotel ist ein **Nichtraucher-Hotel**.

Schon heute wünschen wir Ihnen eine angenehme Anreise. Wir freuen uns auf Sie.

Mit freundlichen Grüßen

4

2. Musterbrief

Anschrift   Datum

(Bezugszeichenzeile)

Buchungsbestätigung

Sehr geehrte Frau ...,

vielen Dank für Ihr freundliches Telefonat und Ihre Reservierung in unserem Hotel.

Gerne bestätigen wir Ihre Buchung:

1 Einzelzimmer vom 7. bis 9. Mai 20.. für Frau ...

Der **Zimmerpreis von 82,00 EUR pro Nacht** versteht sich inklusive Frühstücksbuffet, gesetzl. MwSt. und Service.

Sofern nicht ausdrücklich eine Ankunftszeit vereinbart wurde, wird dem Gast empfohlen, das Hotel darüber zu informieren, wenn die Anreise nach 22.00 Uhr erfolgt. **Unsere Rezeption schließt um 23.00 Uhr!**

Diese Buchung wird am Anreisetag bis 20.00 Uhr garantiert, Sie haben die Möglichkeit, die Buchung am Vortag bis 15.00 Uhr zu stornieren. Danach oder bei Nichtvermietung wird eine Stornogebühr in Höhe von 80 % des genannten Zimmerpreises berechnet. Sämtliche Rücktritte und Buchungsänderungen bedürfen der Schriftform. Der Hotelier behält sich das Recht vor, Rücktritte und Buchungsänderungen zu akzeptieren.

Wir freuen uns bereits heute, Frau ..., Sie in unserem Haus begrüßen zu dürfen.

Mit freundlichen Grüßen

3. Musterbrief

Anschrift   Datum

(Bezugszeichenzeile)

Buchungsbestätigung

Sehr geehrte Frau ...,

vielen Dank für das freundliche Telefongespräch. Wir freuen uns, Ihre Reservierung hier zu bestätigen.

Datum: ....

Name: ....

Leistung: 01 Einzelzimmer mit Bad/Dusche
                   Nutzung der Badelandschaft mit Schwimmbad, Sauna
                   und Dampfbad sowie Fitnessbereich

Rate: 155,00 EUR pro Zimmer incl. Frühstücksbuffet und gesetzl.
MwSt.
                   (Sonderpreis zur Tagung der Akademie)

Zahlung: bei Abreise

Wir bieten unseren Gästen einen kostenlosen Bustransfer vom Flughafen und zurück. Der Bus steht am Terminal 1, Ankunftsebene, Ausgang A1 und fährt alle 30 Minuten von 6.00 bis 23.45 Uhr (maximal 8 Personen pro Fahrt).

Wir halten das Zimmer bis 18.00 Uhr für Sie frei.

Für eine Anreise nach 18.00 Uhr bitten wir Sie uns als Garantie eine Kreditkartennummer mit Ablaufdatum der Karte anzugeben und als Zeichen Ihres Einverständnisses dieses Schreiben mit Stempel und Ihrer Unterschrift an uns zurückzusenden.

Wir danken Ihnen für Ihre Reservierung und wünschen Ihrem Gast einen angenehmen Aufenthalt in unserem Hause.

Mit freundlichen Grüßen

Protokolle, Akten- und Telefonnotizen richtig formulieren

Das perfekte Memory 110

Protokollarten 110

Muster für

    Ergebnisprotokoll 113

    Formular-Protokoll 114

    Aktennotiz 115

    Telefon- und Gesprächsnotiz 116

Hilfreiche Begriffe zur schnellen Protokoll-Erstellung 117

Englische Korrespondenz 120

5

Das perfekte Memory   *Imperfekt*

Über wichtige Besprechungen, Verhandlungen, Konferenzen und Tagungen wird üblicherweise ein Protokoll geführt. Darin werden die Ergebnisse der jeweiligen Veranstaltung festgehalten.

Das Protokoll dient als Memory, um beispielsweise zu kontrollieren, ob und inwieweit vorgegebene Ziele erreicht wurden, aber auch als Beweismittel bei möglichen Streitigkeiten.

Das Führen eines Protokolls unterscheidet sich in vieler Hinsicht von der üblichen Korrespondenz. Dabei müssen zum einen Sachverhalte erkannt und nachvollziehbar dargestellt, zum anderen Beiträge mehrerer Personen inhaltlich erfasst und schriftlich auf den Punkt gebracht werden. Das selbstständige Führen eines Protokolls gehört damit zu den anspruchsvollsten Sekretariatsaufgaben.

Protokollarten

Das wörtliche Protokoll

Wort für Wort wird dieses Protokoll bei Gericht oder in der Politik geführt; dies erfolgt meist durch gelernte Gerichts- oder Parlamentsstenographen.

Das Ergebnis- oder Beschlussprotokoll

Das Ergebnis- oder Beschlussprotokoll hat die Ergebnisse der Tagesordnungspunkte vollständig wiederzugeben. Diese werden dem Protokollführer üblicherweise diktiert. Die Unterschiede in der Arbeitsweise zum Diktat oder Phonodiktat sind unbedeutend.

Beispiel: ────────────────────────

Gleitende Arbeitszeit

Falsch: Die Anwesenden sind mit dem Vorschlag einverstanden.

Richtig: Die Anwesenden sind mit dem Vorschlag des Betriebsrates einverstanden, die gleitende Arbeitszeit einzuführen.

Ein Muster sowie weitere Vorschläge, die das Protokollieren erleichtern, finden Sie auf den nächsten Seiten.

Kurzprotokoll, Aktennotiz, Telefonnotiz, Gesprächsnotiz

Dies sind knapp gehaltene Dokumente zur Informationsverbreitung innerhalb eines Unternehmens oder einer Behörde.

Das ausführliche Protokoll

Das ausführliche Protokoll wird auch bezeichnet als:

- sinngemäßes Protokoll

- Verlaufsprotokoll

- Sitzungsprotokoll

- Verhandlungsprotokoll

Der Verlauf der Besprechung wird personenbezogen wiedergegeben, die Beiträge auf das Wesentliche gekürzt. Aussagen, die für das Unternehmen wichtig sind, werden notiert.

Hinweis: Was für den Protokollführer als Tatsache bekannt ist, wird immer im Indikativ (Wirklichkeitsform = Ist-Form geschrieben).

Er stellt fest, dass etw. so ist.

Meinungen, Gefühle, Äußerungen, Vorschläge werden immer im Konjunktiv (Möglichkeitsform = Sei-Form) geschrieben.

Er meint, dass es so sei.

Beispiel:

Herr Huber schlägt vor, den Parkplatz zu vergrößern.

Nicht so:

Herr Huber schlägt vor, dass man den Parkplatz vergrößern solle.

Praxis-Tipp:

■ Die Wahl der geeigneten Protokollform ist abhängig vom Verwendungszweck und von betriebsinternen Vorschriften, außerdem davon, ob die Aussagen personen- oder sachbezogen sein müssen.

■ Je nach Notwendigkeit wird das Protokoll ausführlicher oder knapper, formstrenger oder freier ausgearbeitet. Hier sind die Erfahrung und das Fingerspitzengefühl des Protokollführers gefordert.

5

Checkliste: Protokoll-Gestaltung

■ **Bestandteile**

Protokollkopf
Hauptteil
Schluss

■ **Protokollkopf und Reihenfolge**

Die Reihenfolge der einzelnen Bestandteile ist nicht zwingend vorgeschrieben. Der folgende Vorschlag zeigt ein bewährtes und viel verwendetes Muster:

– Name des Veranstalters
– Überschrift
– Teilnehmer
– Orts- und Zeitangaben
– Besprechungsgegenstand

■ **Tagesordnungspunkte (TOP)**

TOPs erleichtern die klare Gliederung eines Protokolls und lassen auf einen Blick erkennen, um welchen Inhalt es sich handelt.

Muster für Ergebnisprotokoll

(Firmenname)

Protokoll
über eine außerordentliche Sitzung der Geschäftsleitung

Teilnehmer: …, Geschäftsleitung

                      …, Personalabteilung

                      …, Marketingabteilung

Ort: …

Tag: …

Zeit: …

Tagesordnung: 1. Umsatzrückgang

                      2. Werbung

                      3. Personalbedarf

Protokollführung: …

TOP 1 Umsatzrückgang

Für das erste Halbjahr ist ein Umsatzrückgang von etwa 15 % zu verzeichnen. Der Vorschlag, das Sortiment auszuweiten, wird mit Zurückhaltung aufgenommen. Eine Projektgruppe soll die Ursache des Umsatzrückgangs feststellen und Verbesserungsvorschläge ausarbeiten.

Ergebnis: Herr/Frau … wird eine Projektgruppe bilden, um Vorschläge zur Umsatzsteigerung auszuarbeiten.

TOP 2 Werbung

Da bisher nur 30 % des Jahreswerbeetats freigegeben wurden, beantragt Herr/Frau … die restlichen Mittel. Man kommt jedoch überein, die Vorschläge der Projektgruppe abzuwarten, um ausreichende Mittel für eine größere Werbeaktion zur Verfügung zu haben. Der erforderliche Betrag soll von der Projektgruppe ermittelt werden.

Ergebnis: Die Projektgruppe wird beauftragt, die Kosten einer Werbeaktion festzustellen.

TOP 3 Personalbedarf

Aus dem zentralen Schreibdienst sind Ende Juni drei Damen ausgeschieden. Dies hat dazu geführt, dass Briefe teilweise mit mehrtägigen Verspätungen den Betrieb verlassen. Hieraus ergaben sich eine Reihe von Beschwerden. Es ist daher erforderlich, mindestens zwei Phonotypistinnen einzustellen.

Ergebnis: Herr/Frau … wird beauftragt, sofort zwei Phonotypistinnen für den zentralen Schreibdienst einzustellen.

Ort, Datum:

Angefertigt: Für die Richtigkeit:

....

Unterschrift   Unterschrift

5

Muster für Formular-Protokoll

An	Veranstalter Tel.	Eingangsvermerke
	Moderator	
	Protokollführer	

am (Tag) dem	von – bis Uhr Ort/Raum

Thema

Teilnehmer Dienststelle/Standort Name	**Unterrichtete** Dienststelle/Standort Name

Ergebnis	**Erledigung** wer, wann?

Unterschrift/Datum

Wichtig: Die häufigste Protokollart ist das Ergebnisprotokoll in formloser Gestaltung – oder mit Maske erstellt (siehe vorhergehenden Muster-Vordruck). Ein Ergebnisprotokoll wird immer in der Gegenwartsform (= Präsens) geschrieben.

Muster für Aktennotiz

Die Direktion …	
Aktennotiz	
Tag der Besprechung	
Betreff	Anschaffung von Personalcomputern Anschaffung von Diktiergeräten
Gesprächspartner	
Inhalt des Gespräches	Frau … berichtete, dass es immer schwieriger werde, die für den Betrieb optimale Software zu finden. Sie schlug vor, die Entwicklung des neuen Schreibprogrammes „WINWORD" abzuwarten. Herr Direktor … möchte WINWORD auch für die Abteilungssekretariate im Zweigwerk in … anschaffen. Herr … beruft sich auf die Erfahrungen im Verkauf und schlägt vor, zusätzlich für alle Abteilungen im Hause den neuen Drucker … zu kaufen.
Erledigungsvermerk	Herr Direktor … beauftragte Herrn …, die Anzahl der Schreibprogramme und der Drucker festzustellen.
Ort und Datum	
Aufgenommen von	
Verteiler	

5

Wichtig: Eine Aktennotiz wird in der Vergangenheitsform (= Imperfekt) geschrieben.

Muster für Telefon- und Gesprächsnotiz

Die Telefon- bzw. Gesprächsnotiz wird immer in der Vergangenheitsform (= Imperfekt) geschrieben.

Muster: Telefon-/Gesprächsnotiz

Für: _____ Von: _____

Anrufer: (Vor- und Zuname, Abteilung) Abt: _____

_____

Datum/Uhrzeit: _____ Firma: _____

_____

☐ bestellt schöne Grüße Nachricht: _____

_____

☐ kein Rückruf nötig

☐ ruft wieder an
wann? _____ _____

Stimmung des Anrufers:

☐ bittet um Rückruf
wann? _____ _____

aufgenommen von (Name/Abt.): _____ Telefon: _____

Amtliche Buchstabiertafel (Inland):

Anton **Ä**rger **B**erta **C**äsar **D**ora **E**mil **F**riedrich **G**ustav **H**einrich **I**da **J**ulius **K**aufmann **L**udwig **M**artha **N**ordpol **O**tto **Ö**konom **P**aula **Q**uelle **R**ichard **S**amuel **Sch**ule **T**heodor **U**lrich **Ü**bermut **V**iktor **W**ilhelm **X**anthippe **Y**psilon **Z**acharias

---

Anrufliste

Eine aktuelle Anrufliste ist eine ideale Gedächtnisstütze und Checkliste, insbesondere bei längerer Abwesenheit und Krankheit.

Muster: Anrufliste			
Entgegengenommen von:			
Firma/ Anrufer	Betreff	Datum/ Uhrzeit	Weitergegeben an:

5

Hilfreiche Begriffe zur schnellen Protokoll-Erstellung

Sie gewinnen Zeit beim Formulieren Ihres Protokolls, sobald Ihnen folgende Begriffe geläufig sind.

Wortfelder

Ausführungen der Sitzungsteilnehmer (Redner) werden im Protokoll gewöhnlich durch Einführungsworte eingeleitet. In den folgenden Wortfeldern finden Sie passende Begriffe für zahlreiche Situationen.

Wortfeld zustimmen

einräumen	unterstützen
zusagen	etwas begrüßen
sich einverstanden erklären	für richtig halten
bestätigen	die Anregung aufnehmen
sich zustimmend äußern	beipflichten
zugeben	der gleichen Ansicht sein
die Ansicht teilen	einverstanden sein
billigen	bekräftigen
sich entscheiden für	sich für etwas aussprechen
keine Bedenken sehen	gutheißen

5

Wortfeld bitten

erbitten	verlangen
ersuchen	fordern
wünschen	den Wunsch äußern
auffordern	fragen

Wortfeld meinen

glauben	den Eindruck haben
vermuten	der Ansicht sein
richtig finden	annehmen
empfinden	als richtig bezeichnen
den Standpunkt vertreten	ansehen

Wortfeld begründen

argumentieren	auf etwas zurückführen
folgern	darlegen
von etwas ausgehen	aus etwas schließen
den Schluss ziehen	nachweisen

Wortfeld entgegnen

entgegenhalten	sich gegen etwas aussprechen
abraten von etwas	erklären
einwerfen	sich gegen etwas wenden
ablehnen	sich nichts von etwas versprechen
leugnen	bestreiten
widersprechen	erwidern
Einspruch erheben	sich gegen etwas entscheiden
bemängeln	

Wortfeld vorschlagen

anbieten	die Anregung geben
nahe legen	Antrag stellen/vorlegen
empfehlen	etwas beantragen
raten	für etwas plädieren
den Vorschlag machen	für etwas eintreten

5

Wortfeld betonen

Wert auf etwas legen	herausstreichen
hervorheben	mit Nachdruck erklären
unterstreichen	nachdrücklich betonen

Wortfeld fragen

befragen	die Frage aufwerfen
anfragen	jemanden um Auskunft bitten
die Frage stellen/richten an	Auskunft fordern

Wortfeld erklären

beibringen	erläutern
ausführen	feststellen
zeigen	verdeutlichen
begründen	mitteilen
sich beziehen auf etwas	eingehen auf etwas
darlegen	Stellung nehmen zu etwas
Bezug nehmen auf etwas	hinweisen auf etwas

Englische Korrespondenz

Diese formellen Schreibweisen helfen Ihnen bei Ihrer englischen Korrespondenz:

Anrede

- Wenn Ihnen der Name des Empfängers nicht bekannt ist: Dear Sir, dear Madam
  Dear Managing Director

- Wie Sie per „Sie" sind: Dear Mr, Dear Ms, Dear Mrs, Dear Miss Miller

- Wenn der Anzuschreibende ein Freund oder Geschäftsfreund ist: Dear James

Betreff

With reference to/Thank you for   **Anlagen: Enc./Enclosures**

- … your phone call today
- … your letter of 5th April
- Enclosed you will find …

- I am enclosing …
- Please find enclosed …

> **Praxis-Tipp:**
> Nach dem Betreff schreiben Sie das erste Wort des Textes immer groß. Das gilt auch für die Schlussformulierung.

Schluss

Wenn Ihnen der Name nicht bekannt ist, benutzen Sie bitte die Formulierung „Yours faithfully". **Wichtig:** In Great Britain zwingende Vorschrift, nicht in den USA.

- „Yours sincerely", wenn Sie Ihren Geschäftspartner mit Namen anreden

- „Best wishes", wenn Sie freundschaftliche Geschäftskontakte pflegen

- „Best regards", wenn Sie Ihren Geschäftspartner mit Vornamen anreden

Geschäftskorrespondenz per E-Mail

Der Kl@mmer@ffe ist nicht mehr wegzudenken! 122

Ihre E-Mail von A bis Z 122

Internet-Knigge für E-Mails 124

6

Der Kl@mmer@ffe ist nicht mehr wegzudenken!

In der heutigen Geschäftswelt ist das Arbeiten auf dem digitalen Weg nicht mehr wegzudenken. Die täglich anfallende Geschäftspost, deren Inhalte schnell bearbeitet werden müssen, erhalten unsere PCs stündlich im Zeichen des Kl@mmer@ffens. Kein zusätzlicher Arbeitsaufwand ist notwendig, wenn die Post archiviert, weitergeleitet und beantwortet werden soll.

Ihre E-Mail von A bis Z

Postfach

Sind Sie Kunde bei einem Internet-Provider oder Online-Dienst, erhalten Sie ein E-Mail-Postfach, z. B.: (Name)@aol.com.

Auch wenn Sie keinen eigenen Rechner oder Internet-Zugang besitzen, können Sie sich Ihren persönlichen digitalen Briefkasten einrichten.

Es funktioniert von jedem Rechner, der online ist, z. B. aus der Firma oder einem Internet-Café. Der Briefkasten wird wie eine Internet-Adresse „angesurft".

Programme

Mit zusätzlicher Software können Sie Ihre E-Mails und Ihr Postfach zentral ordnen und bearbeiten. Ein solches Programm sollte mehrere digitale Briefkästen bei unterschiedlichen Providern verwalten können. Außerdem sollte es ein Schreibprogramm besitzen für Textformatierungen, wie Kursiv- oder Fettschrift. Auch ein Adressbuch ist notwendig, das Anschriften in Untergruppen ordnen kann.

Achtung: Es wäre ideal, wenn eine solche Datenbank zu Ihrer normalen Textverarbeitung auf dem Rechner kompatibel ist.

Die wichtigsten Arbeitsbefehle

- **Adresse**
  Anklicken und das Adressbuch öffnet sich.

- **Drucken**
  Anklicken und Ihre geöffnete E-Mail wird ausgedruckt. Mehrere Nachrichten können nicht auf einmal ausgedruckt werden.

6

- **Einfügen**

Anklicken und Sie können Dateien auswählen, die der E-Mail beigefügt werden sollen.

- **Optionen**

Öffnen Sie das Menü Optionen, wenn Sie Einstellungen verändern wollen (z. B. eine Empfangsbestätigung anfordern oder eine spezielle Verschlüsselung einrichten).

- **Rechtschreibung**

Anklicken und Ihre Nachricht wird auf Rechtschreibfehler geprüft.

- **Senden**

Anklicken und das Programm startet die Übertragung.

- **Sicherheit**

Anklicken und Sie führen die Verschlüsselung durch.

6

- **Speichern**

Anklicken und Ihre Mail wird gespeichert.

Empfänger

- **An**

Hier bitte den Hauptempfänger eintragen.

- **Cc** (Carbon Copy = Durchschlag)

Hier bitte die Empfänger eintragen, die eine Kopie erhalten sollen.

- **Bcc** (Blind Carbon Copy = Blindkopie)

Hier bitte die Empfänger eintragen, die eine Kopie erhalten sollen, ohne dass die anderen Empfänger davon wissen.

Betreff/Titel

Hier definieren Sie den Inhalt sowie die Dringlichkeit Ihrer E-Mail.

Eine wichtige Nachricht wird beim Empfänger extra hervorgehoben.

Abschluss

Schließen Sie Ihre Mail mit:

- Gruß (anschließend Leerzeile)

- Firmenbezeichnung (anschließend Leerzeile)

- Vor- und Zuname des Absenders

- Adresse (anschließend Leerzeile)

- Telefonnummer

- Faxnummer

- E-Mail-Adresse

- Internet-Adresse

Sie können in den Einstellungen Ihres E-Mail-Programms auch eine feste Signatur einstellen, die automatisch am Schluss einer jeder versendeten Mail eingeblendet wird.

6

Praxis-Tipp:

Wichtige Mitteilungen sollten durch eine digitale Signatur und eine verschlüsselte Übertragung gegen unberechtigtes Lesen und Verändern geschützt werden.

Internet-Knigge für E-Mails

Korrekte Umgangsformen sind eine Voraussetzung für den reibungslosen Ablauf im Geschäftsleben. Auch in der virtuellen Welt des Internets gibt es Regeln für eine reibungslose Kommunikation. Diese werden unter dem Kunstwort „Netiquette" (Kombination aus engl. net für „Netz" und „etiquette" für Etikette) zusammengefasst.

Wichtig: E-Mails sind Briefe, der Unterschied ist nur in der Schnelligkeit begründet. Dementsprechend müssen Sie bei E-Mails genauso wie bei klassischen Briefen eine korrekte äußere Form sowie den passenden Umgangston einhalten.

Checkliste: Netiquette

- Benutzen Sie Groß- und Kleinschreibung und achten Sie auf eine korrekte Anrede, Grußformel sowie Rechtschreibung.

- Verwenden Sie keine Sonderzeichen und HTML-Formatierungen. Viele E-Mail-Programme können diese Ziffern nicht lesen.

- Bei einer Nachricht von mehr als 100 Zeilen setzen Sie bitte in der Betreff-Zeile das Wort „long" mit ein.

- Beachten Sie bitte, dass Ihre E-Mails nicht automatisch gesichert sind. Verschlüsseln Sie Ihren Brief!

- Bitte informieren Sie den Absender, wenn Sie seine Fragen nicht sofort beantworten können.

- „Smileys", die Gefühle visualisieren oder einfach nur Spaß machen, sind in der Geschäftspost zu vermeiden.

- Wenn Sie Ihre Geschäftskorrespondenz aus Zeitgründen per E-Mail schicken, bringen Sie den Hinweis an: „Dieses Schreiben ist auch ohne Unterschrift rechtsgültig."

6

Persönliche Briefe für Jubiläen, Geburtstage und sonstige Anlässe

Etikette für persönliche Briefe 128
Musterbriefe für
    Geburtstage und Danksagung 129
    Heirat und Danksagung 132
    Geburt und Danksagung 133
    Kondolenz/Beileid 135
    Geschäfts-/Betriebs- sowie Dienstjubiläen 138
    Genesungswünsche 140
    Absage von Einladungen 141
    Geschäftsaufnahme/Existenzgründung 143
    Einladung zum Vorstellungsgespräch 143
    Weihnachts- und Neujahrsgrüße 144
    Messe-Kommunikation 148

7

Etikette für persönliche Briefe

Im Geschäftsleben begegnen uns tagtäglich Freud und Leid. Zu den schwierigsten Aufgaben gehört es, anspruchsvolle Glückwünsche und niveauvolle Kondolenzbriefe zu formulieren.

Es ist nicht immer leicht, unter Zeitdruck die treffenden Worte zu finden. Dadurch bewegen Sie sich auf einer nicht ungefährlichen Gratwanderung, da in der Hektik der Tagesarbeit das Sprachgefühl nicht richtig eingesetzt werden kann.

Etikette für persönliche Briefe

- Glückwunschschreiben auf Geschäftspapier (ohne Anschriftenfeld, Bezugszeichenzeile usw.) schreiben.

- Kondolenzbriefe: Schwarz umrandetes Briefpapier sowie schwarz umrandete Briefumschläge sind der trauernden Familie und dem engsten Freundeskreis vorbehalten.

- Glückwunschschreiben usw. sollten mit der Hand geschrieben werden, da sie persönlicher wirken.

- Durch die Hektik der Arbeitswelt werden Glückwunschschreiben meistens mit dem PC geschrieben. Beachten Sie dabei: Anrede, Grußformel und Unterschrift immer handschriftlich, um die persönliche Note zu bewahren. Bitte verwenden Sie dazu keinen Kugelschreiber oder sonstiges Schreibgerät, sondern einen Füllfederhalter.

- Auf Glückwunschschreiben und Kondolenzbriefe auch das Datum des Ereignisses schreiben.

- Datum ausschreiben: 22. August 20..

- Der Brief sollte nicht länger als eine Seite sein.

- Mitgesandte Präsente nur wenn unbedingt nötig im Glückwunschschreiben hervorheben.

- Erhaltene Präsente werden im Dankschreiben selbstverständlich erwähnt.

- Persönliche Briefe mit Briefmarken freimachen, um die persönliche Note zu wahren.

Wichtig: Die Musterbriefe auf den nächsten Seiten stellen eine Auswahl möglicher Anlässe dar und dienen als Formulierungsvorschläge, die jederzeit individuell abgeändert werden können – für jeden Anlass passend, treffsicher und niveauvoll.

Für Geburtstage und Danksagung

1. Musterbrief

Sehr geehrter Herr …,

zu Ihrem Geburtstag die herzlichsten Glückwünsche der … Geschäftsstelle und meine ganz persönliche Gratulation.

Wir wissen es zu schätzen, dass sich Persönlichkeiten unserer Industrie, die im eigenen Unternehmen bis an die Grenzen ihrer Belastbarkeit gefordert sind, darüber hinaus noch für die gemeinsamen Interessen unserer Branche einsetzen. Sie haben über lange Jahre hinweg ein solches Engagement gezeigt, wofür wir Ihnen danken.

Für das kommende Lebensjahr und darüber hinaus wünschen wir Ihnen weiterhin Tatkraft, Entschlossenheit und viel Glück.

Mit freundlichen Grüßen

7

2. Musterbrief

Lieber Herr …,

mit dem heutigen Geburtstag treten Sie in ein neues Lebensjahrzehnt ein. Noch liegt Ihnen für die Gestaltung Ihres Lebensweges und die Verwirklichung Ihrer Wünsche und Vorstellungen alles offen.

Nutzen Sie diese Jahre und die Chancen, die sich Ihnen bieten!

Dazu wünscht Ihnen von Herzen viel Glück

Ihr

3. Musterbrief

Lieber ...,

mit Ihrem heutigen Geburtstag vollenden Sie Ihr zweites Lebensjahrzehnt und damit Ihren ersten Lebensabschnitt, den Sie als Kind und Heranwachsender überwiegend im Elternhaus eingebettet verlebt haben. Eindrücke, Gelerntes und Erfahrenes aus dieser Zeit werden Sie künftig begleiten und Ihr Leben mitbestimmen.

Möge es Ihnen vergönnt sein, in dem neuen Lebensjahrzehnt Ihre Eigenschaften und Fähigkeiten beruflich sowie im persönlichen Bereich zur Geltung zu bringen und dabei die Gunst der Stunde zu nutzen. Dazu wünsche ich Ihnen viel Glück.

Mit herzlichem Gruß

4. Musterbrief

7

Sehr geehrter Herr ...,

zu Ihrem 50. Geburtstag gratuliere ich Ihnen herzlich.

Für die Zukunft wünsche ich Ihnen viel Glück, und dass Sie weiterhin so erfolgreich wie bisher und bei bester Gesundheit für Ihr Unternehmen tätig sein können.

Mit freundlichen Grüßen

5. Musterbrief

Lieber Herr ...,

ich kenne Sie seit vielen Jahren in angenehmer Zusammenarbeit.

Umso herzlicher gratuliere ich Ihnen zum 50. Geburtstag und wünsche Ihnen weiterhin Glück, Erfolg und Gesundheit. Erhalten Sie sich diese ganz besonders für Ihre Familie und ein bisschen auch für uns!

Auf weitere so gute Zusammenarbeit und persönliches Wohlergehen für Sie und Ihre Familie

Ihr

6. Musterbrief

Sehr geehrter Herr …,

zu Ihrem 50. Geburtstag meine aufrichtigen Grüße, meine besten Wünsche für Sie an diesem Tage und für Ihr neues Lebensjahrzehnt.

Bei aller Dynamik und dem gewohnten Blick nach vorn gibt ein solcher Geburtstag auch Anlass zur Rückschau. Mit wachsendem Abstand verblassen erfahrungsgemäß manche Begebenheiten und werden verdrängt von den nachhaltig positiven Ereignissen und Begegnungen.

Für Ihren weiteren Lebensweg an der Spitze Ihres Unternehmens wünsche ich Ihnen alles Gutes. Neben der Gesundheit, die immer wertvoller wird, möge Ihnen eine stets glückliche Hand sowie ein weiterhin nachhaltiger Erfolg beschieden sein.

Mit sehr herzlichen Grüßen

7. Musterbrief

7

Sehr geehrte …,

zu meinem … Geburtstag habe ich eine Vielzahl von Glückwünschen, Blumen und Geschenken erhalten.

Da es mir leider nicht möglich ist, jeden Gratulanten einzeln persönlich anzuschreiben, möchte ich mich auf diesem Wege für die Grüße, Glückwünsche und Aufmerksamkeiten bedanken.

Sie alle haben mir eine große Freude bereitet.

Mit herzlichem Gruß

8. Musterbrief

Sehr geehrter Herr ...,

über die vielen persönlichen und schriftlichen Glückwünsche sowie die liebevoll ausgesuchten Geschenke zu meinem 50. Geburtstag habe ich mich sehr gefreut.

Ich danke allen, die von nah und fern kamen, um mit mir dieses Ereignis zu feiern. Durch diese freundschaftliche Begegnung wurde dieser Tag zu einer schönen und wertvollen Erinnerung für mich.

Ihre Glückwünsche haben mir eine ganz besondere Freude bereitet.

Herzlichst

Für Heirat und Danksagung

1. Musterbrief

Liebes Brautpaar,

möge der heutige Tag für Sie unvergessen bleiben als der Beginn eines gemeinsamen, langen und glücklichen Weges voller Liebe, Glück und Lebenskraft in guten und in schlechten Tagen.

Herzlichen Glückwunsch

2. Musterbrief

Liebe ...,

die Flitterwochen sind vorbei und nun beginnt – so sagt man – der Ernst des Lebens.

Die vielen lieben Glückwünsche zu unserer Vermählung bringen uns fröhliche und dankbare Abende. Wie schön, dass auch Sie für unseren neuen Lebensabschnitt so nette Worte gefunden haben.

Wir danken Ihnen sehr, dass Sie uns Mut und Zuversicht geben, eine glückliche und lange Partnerschaft zu beginnen.

Mit herzlichen Grüßen

3. Musterbrief

Liebes Brautpaar …,

zu Ihrem heutigen Festtag übermittle ich Ihnen meine herzlichsten Grüße. Möge das Glück ein Leben lang anhalten und Ihnen in guten Tagen genug Kraft geben, um auch in schwierigen Lebenslagen fest zusammenzustehen.

Dazu wünsche ich Ihnen von ganzem Herzen ein gutes Gelingen.

Ihr

4. Musterbrief

Liebes Brautpaar,

manche Erinnerungen in unserem Leben sind wie guter Wein: Sie werden wertvoller, je länger sie reifen.

Ich wünsche Ihnen, dass Ihr Hochzeitstag für Sie zu einem solchen Erlebnis wird und sich alle Erwartungen, die Sie damit verbinden, in einer dauerhaften, glücklichen Ehe für Sie erfüllen.

Herzlichen Glückwunsch!

Ihr

7

Für Geburt und Danksagung

1. Musterbrief

Sehr geehrter Herr …,

zur Geburt Ihres Sohnes gratulieren wir Ihnen recht herzlich und wünschen Ihnen und Ihrer Familie alles Gute.

Mit freundlichen Grüßen

2. Musterbrief

Sehr geehrte Frau …,

sehr geehrter Herr …,

herzlichen Glückwunsch zur Geburt Ihrer Tochter …

Wir wünschen Ihnen, dass Sie Ihre kleine Tochter durch eine glückliche und unbeschwerte Kindheit führen dürfen.

Mit freundlichen Grüßen

3. Musterbrief

Sehr geehrte Frau …,

sehr geehrter Herr …,

zur Geburt Ihrer Tochter … gratuliere ich Ihnen sehr herzlich.

Ich wünsche Ihnen und Ihrer Familie viel Freude am Gedeihen Ihres Kindes und für Ihr persönliches Leben.

Mit freundlichen Grüßen

4. Musterbrief

Herzlichen Dank, liebe Frau …,

dass Sie an der glücklichen und gesunden Geburt meiner Tochter mit Ihren freundlichen Worten so großen Anteil genommen haben. Die Freude war groß, als wir, meine Frau und ich, das kleine Päckchen öffnen durften.

Mit beigefügtem Foto von unserem Nachwuchs hoffen wir, auch Ihnen eine kleine Freude zu bereiten.

Ganz herzlichen Dank und mit freundlichen Grüßen von Ihrer überaus glücklichen Familie …

Mit freundlichen Grüßen

5. Musterbrief

Liebe Frau …, lieber Herr …,

wir freuen uns mit Ihnen, dass es Ihnen, liebe Frau … und Ihrem … gut geht. Aber auch darüber, dass Sie, lieber Herr …, die Geburt so blendend überstanden haben.

Wir hoffen, dass Ihr Kind eine gesunde und glückliche Zukunft vor sich hat, aber wir drücken Ihnen auch die Daumen, dass es nachts bald durchschläft.

Wir möchten Ihren Stammhalter alle gerne kennen lernen und dachten uns deshalb, dass ein Babytragegurt zur bequemen „Beförderung" von … praktisch wäre.

Wir wünschen Ihnen eine sorgenfreie schöne Zeit und viel Freude mit Ihrem kleinen Sohn.

Mit herzlichen Grüßen

im Namen aller Mitarbeiter

Für Kondolenz/Beileid

Anstelle von Kondolenzbriefen werden immer häufiger schlichte Beileidskarten verschickt. Die verwendete Formulierung muss dann dementsprechend kürzer und prägnanter ausfallen:

- Worte können nicht trösten. Wir sind in Gedanken bei Ihnen.

- Unsere Gedanken begleiten Sie auf ihrem schweren Weg.

1. Musterbrief

Lieber Herr …,

es fällt mir schwer, die richtigen Worte zu finden.

Die Gemeinschaft Ihrer Familie wird Ihnen die Kraft geben, den endgültigen Abschied hinzunehmen.

In tiefem Mitgefühl

2. Musterbrief

Liebe Frau …,

mit Ihnen trauern wir um einen außergewöhnlichen Menschen, der uns über viele Jahre hinweg ein wertvoller Mitarbeiter war.

Niemand wird Sie trösten können.

Ich kann Ihnen nur wünschen, dass Sie die Kraft finden, in dieser schweren Zeit Ihren Kindern beizustehen.

Ihr

3. Musterbrief

Sehr geehrte Damen und Herren,

zu dem plötzlichen Tod von Herrn … spreche ich Ihnen meine tief empfundene Anteilnahme aus.

Meine Mitarbeiter und ich haben Herrn …, auf dessen Rat wir uns immer verlassen konnten, sehr geachtet.

Durch seine verantwortungsbewusste Arbeit war er allen ein Beispiel.

Herr … wird uns sehr fehlen.

Mit stillem Gruß

4. Musterbrief

Sehr geehrte Damen und Herren,

der unerwartete Tod von Herrn … hat auch bei uns große Anteilnahme ausgelöst.

Alle, die diesen Mann gekannt haben, können ermessen, welch schwerer Verlust Sie getroffen hat. Der Tod hat ihm nun die Leitung seines Werkes aus den Händen genommen, mit dem er sich selbst ein Denkmal gesetzt hat.

Wir trauern mit Ihnen um diesen großen Unternehmer.

Mit stillem Gruß

5. Musterbrief

Sehr geehrter …,

mit Betroffenheit haben wir die Nachricht vom Tode des Herrn … erhalten und möchten Ihnen unser tief empfundenes Mitgefühl aussprechen.

Er hatte stets eine humorvolle Art. Sein geradliniges Wesen und seine ständige Bereitschaft führten zu einer guten Zusammenarbeit.

Trotz der schweren Krankheit nahm er noch großen Anteil an unseren gemeinsamen Zielsetzungen.

Für seine stete Hilfe bei der Lösung unserer Aufgaben bleiben wir ihm für immer dankbar.

Mit stillem Gruß

6. Musterbrief

7

Sehr geehrte Herren,

zum Tode von Frau … haben Sie uns Ihr Mitgefühl bekundet und in sehr einprägsamer Weise ihr Wirken wie ihre außergewöhnliche Persönlichkeit gewürdigt.

Für Ihre Anteilnahme an dem schweren Verlust, der unser Haus getroffen hat, danken wir Ihnen herzlich. Wir empfingen sie als Ausdruck freundschaftlicher Verbundenheit.

Mit freundlichem Gruß

Für Geschäfts-/Betriebs- sowie Dienstjubiläen

1. Musterbrief

Sehr geehrter Herr ...,

zu Ihrem Geschäftsjubiläum gratuliere ich Ihnen ganz herzlich und wünsche Ihnen in Ihrem Unternehmen weiterhin viel Erfolg sowie als bewährtem Steuermann eine „sichere Hand am Ruder".

Herzlichen Glückwunsch

2. Musterbrief

Liebe ...,

Sie feiern heute Ihr zehnjähriges Betriebsjubiläum. Dazu möchte ich Ihnen auch im Namen der Belegschaft recht herzlich gratulieren.

Durch Ihre Arbeitstreue, Ihre Einsatzbereitschaft sowie Ihr persönliches Engagement haben Sie den gemeinsamen Alltag angenehm beeinflusst und darüber hinaus zur erfolgreichen Entwicklung unseres Unternehmens beigetragen.

Dafür danke ich Ihnen besonders und wünsche allen Beteiligten, dass diese Zusammenarbeit noch lange Jahre fortdauern möge.

Ihr

3. Musterbrief

Sehr geehrter Herr ...,

zu Ihrem 25-jährigen Dienstjubiläum gratuliere ich Ihnen sehr herzlich.

In diesem Vierteljahrhundert haben wir 17 Jahre eng und gut zusammengearbeitet. Dafür danke ich Ihnen bei dieser Gelegenheit und wünsche Ihnen weiterhin erfolgreiches Schaffen, Glück und vor allem die notwendige Gesundheit.

Ihnen und Ihrer Familie

die besten Wünsche

4. Musterbrief

Sehr geehrte Herren,

für Ihre liebenswürdigen Glückwünsche und Worte anlässlich meines 25-jährigen Dienstjubiläums meinen herzlichen Dank.

Gerne erinnere ich mich heute der angenehmen Zusammenarbeit und des freundschaftlichen Verhältnisses zwischen unseren Häusern und hoffe, dass diese Verbindung von Bestand bleiben wird.

Mit freundlichem Gruß

5. Musterbrief

Sehr geehrter Herr …,

die zahlreichen Glückwünsche und anerkennenden Worte zu meinem 25-jährigen Dienstjubiläum haben diesem Tag einen unvergesslichen Erinnerungswert verliehen.

Ich danke Ihnen.

Die vielen Blumen habe ich dem Altersheim an der Uferstraße übergeben, wo sie noch einmal Freude bringen durften.

Mit besten Grüßen

Ihr

7

6. Musterbrief

Sehr geehrte Damen und Herren,

über Ihre freundliche Gratulation zu unserem 100-jährigen Firmenjubiläum haben wir uns sehr gefreut. Wir danken Ihnen dafür recht herzlich, insbesondere auch für das wertvolle Geschenk, das Sie uns durch Frau … und Herrn … überreichten.

Gleichzeitig möchten wir uns für die bisherige angenehme Geschäftsverbindung zwischen Ihrer Firma und unserem Hause herzlich bedanken.

> Wir gehen in die Zukunft mit dem Bemühen, uns das Wohlwollen Ihrer Firma durch gute Leistungen zu erhalten, es zu vertiefen und weiter auszubauen.
>
> Wir wünschen Ihnen für die Zukunft alles Gute und für Ihre Firma einen weiteren Aufschwung.
>
> Mit freundlichen Grüßen

7. Musterbrief

> Sehr geehrter Herr …
>
> viele anerkennende Worte werden Sie heute erreichen, denen ich mich von Herzen anschließe. Vieles kann man sich wünschen, manches erhoffen – alles bleibt sinnlos, fehlt das Wichtigste – die Gesundheit.
>
> Deshalb erhalten Sie sich Ihre jugendliche Lebenskraft, die bisher Ihr Glück und Ihren Erfolg begleitet hat. Sie können mit Zuversicht und Vertrauen in die Zukunft blicken.
>
> Herzlichen Glückwunsch,
>
> Ihr

7

Für Genesungswünsche

1. Musterbrief

> Sehr geehrter Herr …,
>
> erst heute erfuhr ich, dass Sie erkrankt sind, sich aber inzwischen auf dem Wege der Besserung befinden.
>
> Ich wünsche Ihnen baldige Genesung und nachhaltige Festigung Ihrer Gesundheit, auf dass Sie wieder so aktiv wie bisher in Ihrem erfolgreichen Architekturbüro tätig sein können.
>
> Mit besten Wünschen und aufrichtigen Grüßen
>
> Ihr

2. Musterbrief

Sehr geehrter Herr …,

vor einigen Tagen erfuhr ich, dass Sie erkrankten, nun aber wieder auf dem Wege der Besserung sind.

Ich wünsche Ihnen, dass Sie bald wieder gesund und tatkräftig Ihre Pläne verwirklichen können.

Mit herzlichem Gruß

Für Absage von Einladungen

1. Musterbrief

Sehr geehrter Herr …,

die Herren … und … bedanken sich recht herzlich für die Einladung zur Eröffnung Ihrer neu erbauten Geschäftsräume.

Am … findet jedoch in unserem Unternehmen eine Veranstaltung in größerem Umfang statt, bei der die von Ihnen eingeladenen Herren unabkömmlich sind. Bitte haben Sie dafür Verständnis.

Wir wünschen Ihrem Fest einen harmonischen Verlauf.

Mit freundlichen Grüßen

2. Musterbrief

Sehr geehrter Herr …,

vielen Dank für Ihre Information über den Geburtstag von Herrn … .

An dem Empfang kann ich jedoch aus Termingründen nicht teilnehmen. Ich werde aber meine persönlichen Glückwünsche schriftlich übermitteln.

Mit besten Grüßen

7

3. Musterbrief

Sehr geehrter Herr Bürgermeister,

über die Einladung zu Ihrer öffentlichen Verabschiedung habe ich mich sehr gefreut.

Leider kann ich an dieser Veranstaltung nicht teilnehmen, da ich mich an diesem Tag bereits im Urlaub befinde.

Unser Vertriebsleiter, Herr Prokurist ..., wird unser Haus bei der Feier vertreten.

Ihren Dank für die langjährige und angenehme Zusammenarbeit darf ich herzlich erwidern.

Für Ihre persönliche Zukunft wünsche ich Ihnen alles Gute, vor allem Gesundheit, und hoffe, dass wir uns bald wieder in netter Runde treffen werden.

Mit freundlichen Grüßen

4. Musterbrief

Sehr geehrter Herr Bürgermeister,

über die Einladung zu Ihrer Verabschiedung habe ich mich sehr gefreut und danke Ihnen vielmals.

Da ich jedoch wegen Reiseabwesenheit an dieser Veranstaltung nicht teilnehmen kann, wird unser Abteilungsleiter, Herr ..., unser Haus bei dieser Feier vertreten und die Gelegenheit wahrnehmen, unsere guten Wünsche zu überbringen.

Für Ihre persönliche Zukunft wünsche ich Ihnen vor allem Gesundheit und hoffe, dass wir uns bald wieder in der gewohnten Runde treffen werden.

Mit freundlichen Grüßen

Für Geschäftsaufnahme/Existenzgründung

Musterbrief

Sehr geehrte Damen und Herren,

mit großem Interesse haben wir die Gründungsphase der ... verfolgt. Ein bedeutsamer und wegweisender Entschluss ist in die Tat umgesetzt worden.

Uns ist es ein ganz besonderes Anliegen, Sie heute am Tag Ihrer Geschäftsaufnahme in Frankfurt sehr herzlich willkommen zu heißen und Ihnen mit Ihren Mitarbeitern für Ihre geschäftlichen Aktivitäten einen guten Start und eine erfolgreiche Entwicklung für die Zukunft zu wünschen.

Mit freundlichen Grüßen

Einladung zum Vorstellungsgespräch 7

Musterbrief

Sehr geehrte Frau/Sehr geehrter Herr ...

Ihre ansprechenden Unterlagen interessieren uns sehr. Wir möchten Sie kennenlernen.

Dürfen wir Sie am 15. Mai 20... um 15:00 Uhr erwarten? Gerne berücksichtigen wir auch Ihren Terminplan. Selbstverständlich erstatten wir Ihnen Ihre Fahrtkosten mit der Deutschen Bahn in der 2. Klasse oder in Höhe von ... EUR pro Kilometer, wenn Sie mit dem Auto anreisen. Eine Anfahrtsbeschreibung ist beigefügt.

Bitte informieren Sie unsere Mitarbeiterin, Frau ..., ob Sie den vorgeschlagenen Termin wahrnehmen können. Sie erreichen uns unter der Telefonnummer ....

Wir freuen uns auf das Gespräch mit Ihnen.

Mit freundlichen Grüßen

Für Weihnachts- und Neujahrsgrüße

1. Musterbrief

Sehr geehrter Herr …,

ein Jahr guter Partnerschaft geht zu Ende.

Wir danken Ihnen für die erfolgreiche Zusammenarbeit und wünschen Ihnen und Ihrer Familie gesegnete Weihnachten.

Für das neue Jahr Gesundheit, Glück und Erfolg!

Ihr

2. Musterbrief

7

Sehr geehrter Herr …,

ich wünsche Ihnen und Ihrer lieben Frau ein besinnliches Weihnachtsfest sowie einen heiter-beschwingten Übergang ins neue Jahr.

Mit herzlichem Gruß

3. Musterbrief

Sehr geehrte Damen und Herren,

für die bisher so vertrauensvolle Zusammenarbeit danken wir Ihnen herzlich.

Wir wünschen Ihnen erholsame Feiertage, persönliches Wohlergehen sowie Gesundheit und geschäftlichen Erfolg im neuen Jahr.

Mit herzlichen Grüßen

4. Musterbrief

Liebe Frau ...,

ich wünsche Ihnen frohe und besinnliche Festtage und für 20.. all das, was Sie sich selbst am meisten wünschen.

Ihr

5. Musterbrief

Sehr geehrte Frau ...,

das zu Ende gehende Jahr hat uns nicht geschont, aber hoffentlich auch Ihnen bei aller Arbeit Freude und Erfolg gebracht.

Das Gleiche wünschen wir Ihnen für das neue Jahr, dazu Glück und Gesundheit.

Mit herzlichen Grüßen

7

6. Musterbrief/Karte

Sehr geehrter Herr ...,

mit herzlichem Dank an Ihre Mitarbeiter für die während des vergangenen Jahres aufgewandte Mühe und Aufmerksamkeit.

Mit freundlichem Gruß

7. Musterbrief/Karte

Sehr verehrte Frau ..., sehr geehrter Herr ...,

mit den besten Wünschen und herzlichen Grüßen für ein frohes, geruhsames Weihnachtsfest und ein gesundes, glückliches neues Jahr.

Ihr

8. Musterbrief

Sehr geehrte Familie …,

Festtage voll Harmonie, das wünschen wir Ihnen von Herzen.

Für das neue Jahr persönlichen und geschäftlichen Erfolg. Vor allem aber Gesundheit und Glück.

Ihre

9. Musterbrief

Sehr geehrte Damen und Herren,

ein arbeitsreiches, aber auch erfolgreiches Jahr geht zu Ende.

Wir danken Ihnen für die partnerschaftliche Zusammenarbeit.

Für die bevorstehenden Festtage wünschen wir Ihnen im Kreise Ihrer Angehörigen besinnliche Stunden und zum Jahreswechsel alles Gute.

Mit herzlichen Grüßen

7

10. Musterbrief

Sehr geehrter Herr …,

ich wünsche Ihnen und Ihrer Familie besinnliche Weihnachtstage sowie Gesundheit, Glück und Zuversicht für 20..

Mit freundlichem Gruß

11. Musterbrief

Lieber Herr …,

mit großer Freude habe ich heute Ihre liebenswürdigen Grüße zu den kommenden Festtagen erhalten.

Wie aufmerksam von Ihnen, in dieser leider oft so hektischen Zeit noch ein paar persönliche und ansprechende Worte zu finden. Zeigt es aber doch auch, dass unsere geschäftlichen Beziehungen auf einer angenehmen persönlichen Beziehung beruhen. Ich hoffe, dass es weiterhin zu so positiven und erfolgreichen Verhandlungen zum Wohle beider Seiten kommen wird.

Ich wünsche Ihnen einen guten Jahresbeginn und entsprechende Erfolge im Geschäftsleben, vor allem aber auch Gesundheit und persönliches Wohlergehen.

Ihr

Weihnachts- und Neujahrsgrüße in englischer Sprache

7

- Merry Christmas

- Happy Christmas

- Merry Christmas und a Happy New Year

- Best Wishes for Christmas and the New Year

- Wishing you all a merry Christmas and Good Health in the coming year

- Wishing you health und success in the New Year

- We hope you have a nice Christmas and wish you all the best in the New Year

- We look forward to doing business with you again in the New Year and wish you all the best

Messe-Kommunikation

Messen sind ausgezeichnete Marketing-Instrumente. Schon die Einladung zu einer Messe ist Teil des werbewirksamen Auftritts, repräsentiert die beteiligten Unternehmen und zeigt die neuesten Trends. Die Musterbriefe helfen Ihnen bei der Umsetzung des Messe-Marketings.

1. Musterbrief

> Ein Fachgespräch bringt oft neue Erkenntnisse.
>
> Deshalb laden wir Sie heute ein zu einem Besuch an unserem Stand in Halle … Stand-Nr. …
>
> Hier ein paar Infos für Sie vorab.
>
> Sehen wir uns in …?
>
> Mit freundlichen Grüßen

2. Musterbrief

> Auf der Hannover-Messe sehen Sie unsere neuen Maschinen.
>
> Dürfen wir Sie an unserem Stand in Halle … Stand-Nr. … begrüßen?
>
> Mit diesem Schreiben erhalten Sie Ihre Eintrittskarte.
>
> Auf ein Gespräch mit Ihnen freuen wir uns.
>
> Mit freundlichen Grüßen

3. Musterbrief

> Auch in diesem Jahr finden Sie uns an unserem Stand Nr. … in Halle … wieder.
>
> Es lohnt sich bestimmt für Sie, bei Ihrem Rundgang uns mit einzuplanen.
>
> Sehen wir uns in …?
>
> Mit freundlichen Grüßen

4. Musterbrief

> Zur Messe sehen Sie interessante Neuigkeiten an unserem Stand Nr. …
>
> Bitte, besuchen Sie uns in Halle **…** .
>
> Wir hoffen, Sie vergessen uns nicht auf Ihrem Rundgang.
>
> Sie sind bei uns willkommen.
>
> Mit freundlichen Grüßen

5. Musterbrief

> Da Sie zu den Experten gehören, an deren Besuch wir besonders interessiert sind, erhalten Sie heute Ihre Eintrittskarte.
>
> Sie finden uns in …
>
> Halle … Stand-Nr. …
>
> Sehen wir uns an einem der Messetage? Auch für Sie gibt es sicher etwas Interessantes an unserem Stand zu sehen.
>
> Mit freundlichen Grüßen

7

Inhouse-Seminare
mit Bärbel Wedmann-Tosuner

- Kommunikation: Warum reden wir Menschen so oft aneinander vorbei?

- Empfang und Rezeption – der optimale Imageträger Ihres Hauses

- Geschäftsbriefe formulieren – professionell und geschickt

- Das funktionale Sekretariat:
  Der Mischarbeitsplatz Sekretariat/Sachbearbeitung

- Kooperationen mit Industrie- und Handelskammern, Bankakademien und Unternehmen; zertifizierte Lehrgänge:
  - Qualifizierte Management-Assistenz (FIM/IHK)
  - Zertifizierte Management-Assistenz (FIM/GENO)

Weitere Informationen:

FIM Fachinstitut für Management
Bärbel Wedmann-Tosuner
Ahornstraße 56
82377 Penzberg/Oberbayern
Tel.:   0 88 56 93 30 56
Mobil: 0172 5323579
E-Mail: b.wedmann@t-online.de

www.fim-online.com

Stichwortverzeichnis

A

ABC-Regeln 27
Ablehnung 20
Adel 37
AIDA-Formel 90
Aktennotiz 111, 115
Anfrage 51, 54
Anrede 16, 48
– persönliche 32
– schriftliche 39
– zeitgemäße 32
Anrufliste 117

B

Banalitäten 11
Beamte 36
Behörden 37
Beileidskarten 135
Beschlussprotokoll 110
Botschafter 36
Briefaufbau 53
Briefkultur 10
Buchungsbestätigung 105

C

Corporate Identity 11

D

Dank 19
Diktieren 23
Diplomatie 10

E

Eigenschaftswörter 17
Eingeschränkte Zustimmung 20
Einleitung 16
E-Mails 121
Ergebnisprotokoll 110, 113
Etikette für persönliche Briefe 128

F

Floskeln 16
Formvorschriften 22
Füllwörter 16

G

Gesprächsnotiz 111
Grußformel 48

H

Höflichkeit 10
Hotel-Buchungsbestätigung 105

I

Inkassobüro 82

K

Kaufmännischer Schriftverkehr 51
Korrekturlesen 23
Kundenbindungen 21
Kundenorientiertes Formulieren 13
Kurzprotokoll 111

L

Layout 11

M

Mahnung 51, 81
Marketinginstrument 21
Memory 110
Minister 36
Musterbriefe 52
– Absage von Einladungen 141
– Anfrage 54
– Angebot 59

8

– Annahmeverzug 80
– Auftragsbestätigung 69
– Auskunft 102
– Beileid 135
– Bestellung 64
– Betriebsjubiläen 138
– Danksagung 129, 132, 133
– Dienstjubiläen 138
– Existenzgründung 143
– Geburt 133
– Geburtstage 129
– Genesungswünsche 140
– Geschäftsaufnahme 143
– Geschäftsjubiläen 138
– Heirat 132
– Kondolenz 135
– Lieferverzug 78
– Mahnung 78
– Mängelrüge 72
– Neujahrsgrüße 144
– Reklamation 72
– Terminvereinbarung 104
– Weihnachtsgrüße 144
– Werbebrief 90
– Zahlungserinnerung 78, 82
Musterdiktat 23

N
Negative Antwort 20

P
Persönliche Briefe 128
Professor 33
Protokollarten 110
Protokoll-Gestaltung 112

R
Rangbezeichnung 33
Rechtschreibüberprüfung 23
Redewendungen 16
Reservierungsbestätigung 105

S
Satzlänge 16
Schachtelsätze 16
Schmeicheleien 11
Schriftgröße 23
Steigerungswörter 16
Stil
– Briefstil 11, 16
– Korrespondenzstil 11
Streckzeitwörter 17

T
Telefonnotiz 111
Tippfehler 23
Titel
– akademischer 33, 35
– an Universitäten 36
– Doktortitel 33

U
Unternehmenssprache 11

V
Vertröstung 19
Vollstreckungsbescheid 82
Vorstellungsgespräch 143

W
Wortfelder 117
Wortwiederholungen 16

Z
Zahlungsverzögerung 81

8